数据结构教程

（C 语言版）

刘晓静　李东　韩亮　主编

科学出版社

北　京

内 容 简 介

本书共 8 章：第 1 章综述数据、数据结构和抽象数据类型等基本概念；第 2 章~第 6 章从抽象数据类型的角度出发，分别讨论线性表、栈、队列、字符串、二叉树以及图等基本类型的数据结构及其应用；第 7 章和第 8 章讨论查找和排序，除了介绍各种实现方法，还着重从时间上进行定性或定量的分析和比较。

本书可作为普通高等学校计算机类及其相关专业的本科生教材，也可供相关工程技术人员和自学者参考使用。

图书在版编目（CIP）数据

数据结构教程：C 语言版 / 刘晓静，李东，韩亮主编. —北京：科学出版社，2020.6

ISBN 978-7-03-065458-8

Ⅰ．①数…　Ⅱ．①刘…②李…③韩…　Ⅲ．①C 语言－数据结构－高等学校－教材　Ⅳ．①TP311.12②TP312.8

中国版本图书馆 CIP 数据核字（2020）第 098952 号

责任编辑：于海云　朱灵真 / 责任校对：郭瑞芝
责任印制：张　伟 / 封面设计：迷底书装

科 学 出 版 社 出版
北京东黄城根北街 16 号
邮政编码：100717
http://www.sciencep.com

北京天宇星印刷厂印刷
科学出版社发行　各地新华书店经销
*
2020 年 6 月第 一 版　开本：787×1092　1/16
2024 年 8 月第五次印刷　印张：15 1/2
字数：400 000

定价：59.00 元
（如有印装质量问题，我社负责调换）

前　言

数据结构不仅是计算机学科的核心课程，而且已成为其他理工科专业的热门选修课。编写计算机程序仅仅掌握语言是不够的，还必须掌握数据的组织、存储和运算方法。理解并掌握数据结构的原理，可以在设计时科学地选择数组、线性表、栈、队列、二叉树、图等结构，有效地解决问题，也可以拓展开发视野，从而提高学生的程序开发能力。

全书中采用 C 语言作为数据结构和算法的描述语言，在对数据的存储结构和算法进行描述时，尽量考虑 C 语言的特色，如利用数组的动态分配实现存储结构等。本书的思维导图如下。

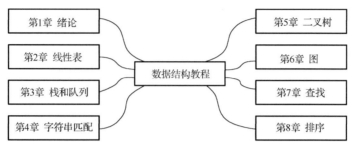

从课程性质上讲，数据结构是一门专业技术基础课。它的教学要求是：使学生学会分析研究计算机加工的数据结构的特性，以便为应用涉及的数据选择适当的逻辑结构、存储结构及相应的算法，并初步掌握算法时间分析和空间分析的技术。另外，本课程的学习过程也是复杂程序设计的训练过程，要求学生编写的程序结构清楚和正确易读，符合软件工程的规范。如果说高级语言程序设计课程对学生进行了结构化程序设计（程序抽象）的初步训练，那么数据结构课程就要培养他们的数据抽象能力。

目前市面上有关数据结构的原理与算法的书籍大多比较抽象，读者难以掌握。此外，多数书籍一般不提供完整的算法实现，这样给读者带来很大的不便，因此我们编写此书。它的突出特点是算法完整、内容充实，而且所有算法都用 C 语言编写，对于基本的数据结构进行了程序实现，其内容选取符合教学大纲的要求，兼顾学科的广度和深度。

本书由刘晓静、李东、韩亮主编，其中第 1 章、第 2 章、第 3 章与第 8 章由刘晓静编写，第 4 章与第 5 章由韩亮编写，第 6 章与第 7 章由李东编写，全书由杜正君校对、刘晓静统稿。另外，本书的编写工作得到了青海大学 2018 年度教材建设项目基金的资助，还得到了计算机技术与应用系领导及同事的帮助和支持，在此一并感谢！

由于数据结构的应用发展迅速，加之编者水平有限，书中难免存在疏漏和不妥之处，恳请广大读者批评指正！

编　者

2020 年 1 月

目　　录

第1章 绪　　论

计算机技术的发展日新月异，很多技术正在或已经对我们的世界产生深刻的影响，而所有这些技术的背后，算法是整个计算机科学的核心和灵魂，这不仅包括传统的技术，如操作系统、数据库、多媒体等，同时对于一些新兴的技术如大数据、云计算、人工智能等，数据结构与算法都是必不可少的重要一环。因此，对于所有有志于从事计算机专业的学生来讲都应该认真学习数据结构与算法，一方面可以深入了解某些技术的运行原理，另一方面有助于求解一些工程或科学研究中的实际问题。

1.1　组织数据的方法——数据结构

数据结构顾名思义主要是研究数据的组织和存储，其实我们已经在程序设计基础课中学习了一种常用的组织数据的方式——数组，对于大量的同一数据类型的数据，我们可以使用数组进行存储。数组具有结构简单、访问快速的优点，因此在很多实际问题中得到了广泛的应用。例如，我们要对某班全体学生的某一门课程的成绩进行排名，那么一般就采用数组将这些数据存储起来，然后再使用你熟悉的排序算法对其排序。但是，我们的真实世界却不总是这么简单，很多数据并不能以类似数组的方式存储，如下面的案例。

【例 1.1】家谱信息管理系统。家谱又称族谱、宗谱等，是一种以表谱形式，记载一个家族的世系繁衍及重要人物事迹的书，家谱属珍贵的人文资料，对于历史学、民俗学、人口学、社会学和经济学的深入研究，均有其不可替代的独特功能，如图 1-1 所示。现在需要你编写一个家谱信息管理系统，具体的功能包括：

(1) 查询某一个人的辈分。

(2) 查询某一个人的后代情况。

(3) 查询任意两个人之间相隔几代。

(4) 插入新生的家庭成员。

(5) 查询某一个分支的所有家庭成员等。

图 1-1　某一个家族的家谱

要实现上述提到的功能，首要任务是将家谱信息存储到计算机中，为此，我们需要找到一种直观的表现方式来存储整个家族的所有家庭成员，可以看出，所有家庭成员之间并不是对等的关系，数据之间的联系并不能像数组那样连续存储，因此数组对于这种问题显得有些无力。

【例 1.2】旅游路线设计。旅游是一种生活方式，可以让你远离城市的喧嚣，细品人生。青海成为近年来最火的旅游省份之一，因为它独特的自然景观和空灵的湖泊美景吸引了许多年轻人前往。现在你要准备去青海的多个景点旅游，你可以通过旅游地图查询所有景点的地理位置，你有很多种方式连续游览多个景点，那么如何才能保证你的成本最低呢？

地图给我们的生活带来了很多便利，在外卖、物流、网上约车、驾驶导航等很多方面广泛运用，地图中很多位置之间具有很强的关联关系，那么对于这类数据我们应该如何存储呢？

通过上述两个案例我们可以发现，我们要处理某些实际的问题涉及两方面的问题：一是数据如何表示；二是如何具体求解。数据的表示就是数据结构，而求解问题的方法称为算法，二者相辅相成。

那么什么是数据呢？数据是信息的载体，它能够被计算机识别、存储和加工处理。它是计算机程序加工的原料，应用程序处理各种各样的数据。计算机科学中，数据就是计算机加工处理的对象，它可以是数值数据，也可以是非数值数据。数值数据是一些整数、实数或复数，主要用于工程计算、科学计算和商务处理等；非数值数据包括字符、文字、图形、图像、语音等。数据元素是数据的基本单位。在不同的条件下，数据元素又可称为元素、结点、顶点、记录等。例如，学生信息检索系统中学生信息表中的一个记录等，都称为一个数据元素。

一般认为，一个数据结构是由数据元素依据某种逻辑联系组织起来的。对数据元素间逻辑关系的描述称为数据的逻辑结构；数据必须在计算机内存储，数据的存储结构是数据结构的实现形式，是其在计算机内的表示；此外讨论一个数据结构必须同时讨论在该类数据上执行的运算才有意义。一个逻辑数据结构可以有多种存储结构，且各种存储结构影响数据处理的效率。

本书将重点展开探讨的数据结构有线性表、栈、队列、树、图等，以及与这些常用数据结构相关的算法。

1.2 解决问题的方法——算法

创新工场 CEO 李开复老师说：编程语言虽然该学，但是学习计算机算法和理论更重要，因为计算机语言和开发平台日新月异，但万变不离其宗的是那些算法和理论，如数据结构、算法、编译原理、计算机体系结构、关系型数据库原理等。这些基础课程是"内功"，新的语言、技术、标准是"外功"。整天赶时髦的人最后只懂得招式，没有功力，是不可能成为高手的。

算法是整个计算机科学的核心，当你学这门课之前，可能你并没意识到我们已经学过的课程其实本身充斥着大量的算法。操作系统课上，你是否想过多个进程在激烈的计算资源竞争中如何被有条不紊地调度？对于某些临界资源，同一时刻只能被一个进程访问，操作系统又如何巧妙地避免死锁的发生？数据库原理课上，你是否想过对于上百万条记录的表，如何在非常短的时间内实现高效的增、删、改、查，以及在错误操作后如何准确地实现回滚到某一历史版本？在计算机网络课上，你是否想过 IP 数据包如何在复杂的网络中找到一条路径并成功送达目的端？多媒体课上，你是否想过 PS 那么多有趣的应用背后的原理？诸如此类的问题，都是计算机科学家已经解决过的问题，本质上都可以归结为算法问题。

广义上的算法并不单指计算机算法，我们将解决问题的方法都称为算法，如下面这个大家耳熟能详的问题。

【例 1.3】农夫渡河问题。 农夫要把一只狼、一只羊和一棵白菜从河的左岸带到右岸，但他的渡船太小，一次只能带一样。因为狼要吃羊，羊会吃白菜，所以狼和羊、羊和白菜不能在无人监视的情况下相处。问农夫怎样才能达到目的？

对于这个问题，通常的做法是这样的：农夫第一次先将羊带到右岸，第二次把狼带到右岸顺便再将羊带回，第三次将白菜带到右岸，最后一次带着羊一起渡河到右岸。对于这个问题来讲，我们依赖船只实现问题的求解。

【例 1.4】椭圆绘制。 木工师傅经常需要做一些椭圆形的家具，如办公桌或茶几，那么怎么才能画出一个大致准确的椭圆呢？

学过初等几何的学生都知道，椭圆有一个重要的性质：椭圆上任意一点到两个焦点的距离之和为定值。因此我们可以在一个平整的木板上固定两个点，并将一条绳索的两端固定到两个定点上，然后将一支铅笔靠紧绳索并移动铅笔就可以画出一个椭圆，如图 1-2 所示。

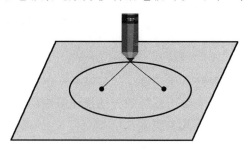

图 1-2　椭圆画法示意图

【例 1.5】排序问题。 排序是计算机中常用的操作。例如，通过搜索引擎从海量信息中搜索相关的信息便是一种典型的应用。现给定 n 个随机分布的整数，如何将这些数从小到大排序呢？

排序在日常生活中应用广泛，对于上述问题我们可以从扑克牌的游戏中得到启发。通常情况下，扑克牌玩家需要将摸到的牌从小到大进行排序，以便观察和快速出牌。摸牌的过程大致是这样的，我们始终保持手中的牌有序，对于新拿到的一张牌，我们需要将这张牌跟手上最大的牌进行比较，如果比手上最大的牌还大那么放到最后即可，否则我们需要扫描整个牌面，并将其放置于正确的位置。

排序过程如下。

初始：$(\mathbf{9},8,7,6,5,4,3,2,1,0)$

i=1:　$(\mathbf{8,9},7,6,5,4,3,2,1,0)$

i=2:　$(\mathbf{7,8,9},6,5,4,3,2,1,0)$

i=3:　$(\mathbf{6,7,8,9},5,4,3,2,1,0)$

i=4:　$(\mathbf{5,6,7,8,9},4,3,2,1,0)$

i=5:　$(\mathbf{4,5,6,7,8,9},3,2,1,0)$

i=6:　$(\mathbf{3,4,5,6,7,8,9},2,1,0)$

i=7: (**2,3,4,5,6,7,8,9**,1,0)

i=8: (**1,2,3,4,5,6,7,8,9**,0)

i=9: (**0,1,2,3,4,5,6,7,8,9**)

每一行第一个数字可以认为是当前需要插入的数字，加粗部分可以认为是已经有序的部分。随着排序的进行，有序部分的长度逐渐增大，无序部分的长度逐渐减少，直至排序完成。

上述过程我们可以具体实现如下：

```
void insertSort(int a[ ], int n)
  {
    for(int i = 1; i < n; i++)            /*从第1个开始*/
    {
        int x = a[i];                     /*现在插入第i个元素，先记录下来*/
        int j = i;                        /*第i个元素的位置，先记录下来*/
        while(0 < j && x < a[j-1])        /*只要前面的比x大，向前移动*/
        {
            a[j] = a[j-1];                /*前移过程中遇到的所有元素后移*/
            j--;
        }
        a[j] = x;                         /*停下来的位置就是a[i]的归属*/
    }
}
```

上述五个例子都可以称为算法，所谓算法就是基于一定的计算模型用于解决特定的问题而产生的一个特定指令，算法代表着用系统的方法描述解决问题的策略机制。

一般情况下算法应当具有以下几大要素。

（1）输入与输出。

一个算法有 0 个或多个输入，以刻画运算对象的初始情况，所谓 0 个输入是指算法本身给出了初始条件；算法总是为了解决某一具体问题被提出的，具体的问题对应了具体的数据，例 1.5 所示的插入排序算法中，算法的输入包括两部分：一是待排序的数据；二是数据的规模。

（2）有穷性。

算法在有限的步骤之后会自动结束而不会无限循环，并且每一个步骤可以在可接受的时间内完成；如果算法不能在有限的时间内得到问题的解，实际上是无法应用于实际的，因为算法可能永远也无法得到结果。

（3）确定性。

算法中的每一步都有确定的含义，不会出现二义性，即对于相同的输入应当得到相同的输出结果。

（4）可行性。

算法的每一步都是可行的，也就是说每一步都能够执行有限的次数而执行完。

为了理解算法的性质，我们给出如下的求和算法代码，算法目的是要求[i,j)范围内的和，但是由于while(i<j)循环后添加了分号导致循环无法终止，因此该算法不满足有穷性。

```
int sum(int i, int j)
{
    int result = 0;
    while(i<j);
```

```
    {
        result += i;
        i++;
    }
    return result;
}
```

1.3 衡量算法优劣的方式——复杂度分析

一般来讲，同一问题往往不止一种算法。如我们熟悉的连续整数求和问题，我们既可以通过循环遍历所有数据累加求和得到答案，也可以通过等差数列求和公式直接计算结果。再如我们在 1.2 节提到的排序问题，这里仅仅提到插入排序，而实际上排序算法多达几十种。那么现在的问题是：什么算法是好的算法呢？如何去衡量算法的优劣呢？

对于好算法你也许可以听到以下几种说法。

(1)算法符合语法规范，能够编译、链接，不仅能够处理简单的输入，也能处理大规模的输入；不仅能处理一般性的输入，也能处理比较棘手的退化输入。

(2)程序代码清晰易懂，有很好的复用性。

(3)算法足够健壮，不仅能处理合法的输入，也能处理一些非法的输入，而不致程序因非正常输入而退出。

事实上以上说法都不太准确，上述说法甚至将算法与程序混为一谈，只是从写代码的角度去片面分析了算法的好坏。一个好的算法实现，上述几点不可或缺，但本课程分析算法中我们最看重的是算法的效率，即在保证正确性的前提下算法能高效地执行。具体来讲，一方面希望算法执行效率够高，另一方面希望算法消耗空间尽可能少，本书将重点讨论算法的时间性能。

既然要考察算法的时间性能，那么是否可以通过测量算法的执行时间来衡量时间性能呢？想必所有的人都这么想过：用最少的钱，花最短的时间，买到最多的东西。同样，用最少的内存空间，花最短的时间，得到最准确的答案。因此我们考虑用时间和空间来衡量一个算法的效率。这是很容易想到的方法，但却是非常不客观的。

这种通过设计好的测试程序和数据，利用计算机的计时功能实现不同算法的程序运行，通过比较运行时间来确定算法效率高低的方法叫做事后统计方法。这样做的问题是：首先，必须根据算法编写好程序，通常这会花掉很多时间，对于有些糟糕的算法，这无疑是时间上的浪费；其次，这种方法受环境影响太大，主要是硬件环境和软件环境，我们很难模拟两种完全一样的运行环境；最后，测试算法的数据设计比较麻烦，尤其是在需要的测试数据规模很大的时候，显得非常麻烦。

统计发现，用高级语言编写的程序运行时所消耗的时间主要受以下几方面影响：

(1)算法采用的策略，这是算法好坏的根本。

(2)编译产生的代码质量。

(3)问题输入规模。

(4)机器硬件环境，主要是执行指令速度。

抛开硬件和软件等因素，单纯地从算法来考虑，我们发现，一个程序的好坏依赖于算法策略和输入规模。

程序运行所耗费的时间主要用来执行指令,因此,测定运行时间最可靠的方法是计算对运行时间有消耗的基本操作执行的次数。当然,我们该想到运行的时间和执行的次数成正比。最终,我们将衡量程序运行的时间转换为计算基本操作的次数。

一般来讲,随着问题规模的扩大,算法的执行时间成本会相应增加。因此考察算法的时间性能时,一般考察对于大规模的输入的表现。执行时间随着问题规模增加的变化趋势称为时间复杂度。具体来讲,我们可以通过 T(n) 来表示某一算法规模为 n 的时间。

事实上,我们关注的并非规模为 n 的执行时间,我们关心的是对于 n 的持续增大 T(n) 的渐进上界。为此我们引入大 O 记号,当且仅当 n>>2 时存在常数 c 满足式(1-1):

$$T(n)=cf(n) \tag{1-1}$$

则认为 T(n)=O(f(n))。大 O 记号如图 1-3 所示,从图上可以看出随着问题规模 n 的增加(当 n>>2 时),大 O 所示的曲线始终位于 T(n) 上方,表明了 T(n) 的复杂度上界。

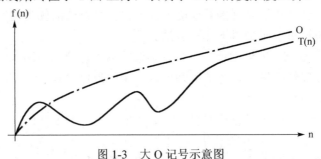

图 1-3　大 O 记号示意图

我们应该注意到的是算法运行时间不仅仅取决于问题的规模,还取决于具体数据。对于这样的算法,我们把它们的执行情况分为最优(最好)情况、最坏情况和平均情况。

某个特定的数据集能让算法的执行情况极好,这就是最优情况,而另一个不同的数据会让算法的执行情况变得极差,这就是最坏情况。不过在大多数情况下,算法的执行情况都介于这两种极端情况之间,也就是平均情况。因此一定要理解好不同情况之间的差别。

对于最优情况,没有什么大的价值,因为它没有提供什么有用信息,反映的只是最乐观、最理想的情况,没有参考价值。平均情况是对算法的一个全面评价,因为它完整全面地反映了这个算法的性质,但从另一方面来说,这种衡量并没有什么保证,并不是每个运算都能在这种情况内完成。而对于最坏情况,它保证这个运行时间将不会再坏了,所以一般我们所算的时间复杂度是最坏情况下的时间复杂度,这和我们平时做事要考虑到最坏的情况是一个道理。

有了大 O 记号,我们就可以对算法进行分析,首先介绍几种常用的时间复杂度。

(1)常数时间复杂度:O(1)。

这类算法的时间复杂度与问题规模无关,都只需要有限次计算即可得到结果,因此是最理想的情况,但这种算法一般很少出现,因只是一类很少出现的情况,本书介绍的大量算法都无法在常数时间内得到结果。例如,我们要访问数组的某个元素,那么我们可以直接通过下标在 O(1) 时间内取得,又如,我们要求一个数组中的非极端元素(既不是最大也不是最小的元素称为非极端元素),那么我们只需要任意选择三个数便可得到非极端元素,这里就是典型的 O(1) 时间复杂度。

(2)线性时间复杂度:O(n)。

如果一个算法的时间复杂度为 O(n),则称这个算法具有线性时间复杂度。非正式地说,这意味着对于足够大的输入，运行时间增加的大小与输入呈线性关系。例如，我们要求数组的和，那么我们一般可以通过遍历数组的所有元素并累加得到结果，遍历次数恰好就是数组的大小 n，那么时间复杂度就是 O(n)。

（3）对数时间复杂度：O(logn)。

若算法的时间复杂度 $T(n) = O(logn)$，则称其具有对数时间。由于计算机使用二进制的记数系统，对数常常以 2 为底（即 log_2n，有时写作 logn）。然而，由对数的换底公式可知，log_an 和 log_bn 只有一个常数因子不同，这个因子在大 O 记法中被丢弃，因此记作 O(logn)。而不论对数的底是多少，O(logn) 是对数时间算法的标准记法。对数时间复杂度多见于二分查找、进制转换、二叉搜索树等问题。

（4）多项式时间复杂度。

若算法的时间复杂度 T(n) 是一个多项式的形式，那么我们称其为多项式时间复杂度，上述的线性时间复杂度也为多项式时间复杂度的一种。

（5）指数时间复杂度：$O(2^n)$。

一般地，凡运行时间可以表示为 $T(n)=O(a^n)$ 形式的算法，均属于"指数时间复杂度算法"。若算法的时间复杂度随着问题的规模指数级增加，那么我们称这类算法的时间复杂度为指数时间复杂度，一般记为 $O(2^n)$。常见的时间复杂度的增加曲线如图 1-4 所示。

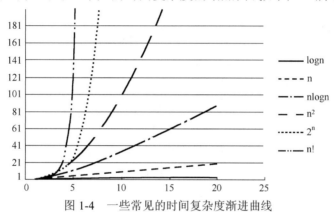

图 1-4　一些常见的时间复杂度渐进曲线

下面我们分析一些简单算法的时间复杂度。

① 求 1+2+3+…+n 的和。

```
int sum(int n)
{
    int ans = (1+n)*n/2;
    return ans;
}
```

在这段代码中，我们使用等差数列的求和公式计算了 1+2+3+…+n 的和，代码共两行，只需执行两次基本运算便可得到结果，因此算法的执行次数与问题规模 n 无关，时间复杂度为 O(1)。

② 求数组的最大值与最小值之差（数组规模大于 2）。

```
int maxsubmin(int a[ ], int n)
{
  int max = a[0] > a[1] ? a[0] : a[1];
```

```
    int min = a[0] > a[1] ? a[1] : a[0];
    for(int i = 2; i < n; i++)
    {
        if(max < a[i])
        {
            min = max;
            max = a[i];
        }
        else if(min > a[i]) min = a[i];
    }
    return max - min;
}
```

在这段代码中，前两行代码的执行时间都为 O(1)，可以看出时间主要消耗在 for 循环，for 循环总共需要执行 n 次，在循环体内部，首先需要进行一次比较，然后再对 min 和 max 的值进行修改，因此循环体内部每次最多需执行 3 次，最后循环体外部需要执行一次，因此累计需要执行的次数为 O(2+3n+1)=O(3n+3)，因为时间复杂度往往将常数和常系数省略，因此时间复杂度为 O(n)。

【例 1.6】求数组中是否存在两个数的和等于 k。

```
bool twoSum(int a[ ], int n, int k)
{
    for(int i = 0; i < n; i++)
        for(int j = 0; j < n; j++)
            if(i != j && a[i] + a[j] == k)
                return true;
    return false;
}
```

在这段代码中，我们通过两重循环嵌套，先固定其中一个数，然后在整个数组中寻找另一个数，检查二者之和是否为 k，第一个数共有 n 种选择，第二个数从剩下的 n–1 个数中选取，因此时间复杂度为 O(n²)。

【例 1.7】由低到高输出十进制正整数所对应的二进制的每一位。

```
void convert(int n)
{
    while(n)
    {
        printf("%d", n%2);
        n /= 2;
    }
}
```

在这段代码中，我们通过除以 2 取余得到当前二进制的最低位，然后通过除以 2 的方法将二进制的最低位舍弃，通过这种反复操作求得二进制的每一位。时间主要消耗在 while 循环中，那么 while 循环究竟要执行多少次呢？我们发现，循环结束条件为 n = 0，然后 n 的变化规律是每次减少一半，我们回顾高中对数函数的知识就会发现，n 每次减半只要 logn 次就可以减少到 1，1 减半取整就得到 0，因此算法时间复杂度为 O(logn)。

【例 1.8】 斐波那契数列求和。

```
long long fib(int n)
{
    if(n < 2) return 1;
    else return fib(n-1) + fib(n-2);
}
```

以上代码是一种常见的写法，斐波那契数列的递推公式就是：$fib(n)=fib(n-1)+fib(n-2)$，为了简单明了地分析这个时间复杂度，我们可以画一棵求解树，如图 1-5 所示。

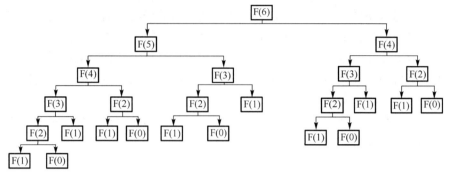

图 1-5 斐波那契数列求解树

为了求解斐波那契数列的第 6 项，我们不得不求解第 5 项和第 4 项，要求解第 5 项又不得不求解第 4 项和第 3 项……，不仅如此，我们发现很多重复求解的子问题，在这个求解树中 F(4) 出现了 2 次，那么就得求解 2 次，同理，F(3) 出现了 3 次，F(2) 出现了 5 次，F(1) 出现了 8 次。要解 F(6) 我们不得不重复求解很多子问题，当 n 逐渐增大时，整棵树将会变得非常巨大。那么时间复杂度是多少呢？我们注意观察这棵求解树，你会发现第一层有 1 个结点，第二层有 2 个，第三层有 4 个，第四层最多可以覆盖 8 个，依次类推，每一层的结点数目是上一层的 2 倍，因此总的结点数目为：$1+2+4+8+\cdots$，因此时间复杂度为 $O(2^n)$，没错，这就是指数时间复杂度，大家可以测试一下这个程序，你会发现当 n 增长到 50 的时候就已经很慢了。

本书的算法时间复杂度如表 1-1 所示。

表 1-1 算法时间复杂度

复杂度	名称	常见算法
$O(1)$	常数时间复杂度	对数据结构的基本操作
$O(\log n)$	对数时间复杂度	二分查找
$O(n)$	线性时间复杂度	数组求和、求均值
$O(n\log n)$	对数时间复杂度	归并排序、快速排序
$O(n^2)$	平方时间复杂度	冒泡排序、插入排序
$O(n^3)$	立方时间复杂度	矩阵乘法
$O(n^c)$	多项式时间复杂度	P 问题，存在多项式算法的问题
$O(2^n)$	指数时间复杂度	很多问题的平凡算法，再尽可能优化

本 章 小 结

本章思维导图如图 1-6 所示。

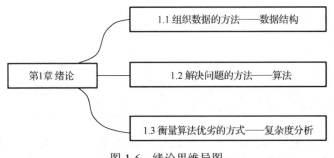

图 1-6　绪论思维导图

　　本章首先通过简单的案例介绍了什么是数据结构和数据结构的作用,进而引出算法的概念,强调算法是一种解决问题的方法。对于同一个问题,往往有很多算法,那么如何衡量不同算法的优劣呢?本章详细介绍了复杂度的概念,重点介绍了几种常见的时间复杂度:常数时间复杂度、线性时间复杂度、对数时间复杂度、多项式时间复杂度和指数时间复杂度,并通过具体案例分析了某些算法的时间复杂度。

　　时间复杂度的概念贯穿整本书,它是算法设计、算法选择和算法分析重点关注的问题,读者需要掌握相关知识并能熟练分析算法复杂度。

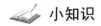 小知识

三位深度学习之父共获 2019 年图灵奖

　　Geoffrey Hinton、Yann LeCun 和 Yoshua Bengio 共同获得了 2019 年的图灵奖,如图 1-7 所示。

图 1-7　Geoffrey Hinton、Yann LeCun 和 Yoshua Bengio

　　2019 年 3 月 27 日,ACM 宣布,深度学习的三位创造者 Geoffrey Hinton、Yann LeCun,以及 Yoshua Bengio 获得了 2019 年的图灵奖。

　　今天,深度学习已经成为人工智能技术领域最重要的技术之一。在最近数年中,计算机视觉、语音识别、自然语言处理和机器人取得的爆炸性进展都离不开深度学习。

　　三位科学家定义了深度学习的基本概念,在实验中发现了惊人的结果,也在工程领域取得了重要突破,帮助深度神经网络获得实际应用。

　　在 ACM 的公告中,Geoffrey Hinton 最重要的贡献来自他 1986 年发明反向传播的论文

Learning Internal Representations by Error Propagation，1983 年发明的玻尔兹曼机(Boltzmann Machines)，以及 2012 年对卷积神经网络的改进。Hinton 和他的学生 Alex Krizhevsky 以及 Ilya Sutskever 通过 Rectified Linear Neurons 和 Dropout Regularization 改进了卷积神经网络，并在著名的 ImageNet 评测中取得了很好的成绩，在计算机视觉领域掀起了一场革命。

Yoshua Bengio 的贡献主要在 20 世纪 90 年代发明的 Probabilistic models of sequences。他把神经网络和概率模型(如隐马尔可夫模型)结合在一起，并和 AT&T 公司合作，用新技术识别手写的支票。现代深度学习技术中的语音识别也是这些概念的扩展。此外 Yoshua Bengio 还于 2000 年发表了划时代的论文 *A Neural Probabilistic Language Model*，使用高维词向量来表征自然语言。他的团队还引入了注意力机制，机器翻译获得突破，也成为深度学习处理序列的重要技术。

Yann LeCun 的重要贡献之一是卷积神经网络。20 世纪 80 年代，Yann LeCun 发明了卷积神经网络，现在其已经成为机器学习领域的基础技术之一，也让深度学习效率更高。20 世纪 80 年代末期，Yann LeCun 在多伦多大学和贝尔实验室工作期间，首次将卷积神经网络用于手写数字识别。今天，卷积神经网络已经成为业界标准技术，广泛用于计算机视觉、语音识别、语音合成、图片合成、自然语言处理等学术方向，以及自动驾驶、医学图片识别、语音助手、信息过滤等工业应用方向。Yann LeCun 的第二个重要贡献是改进了反向传播算法。他提出了一个早期的反向传播算法 backprop，也根据变分原理给出了一个简洁的推导。他的工作让反向传播算法更快，例如，他描述了两个简单的方法可以减少学习时间。Yann LeCun 的第三个贡献是拓展了神经网络的应用范围。他把神经网络变成了一个可以完成大量不同任务的计算模型。他早期引进的一些工作现在已经成为人工智能的基础概念。例如，在图片识别领域，他研究了如何让神经网络学习层次特征，这一方法现在已经用于很多日常的识别任务。他还提出了可以操作结构数据(如图数据)的深度学习架构。

图灵奖由 ACM 于 1966 年设立，设立目的之一是纪念著名的计算机科学先驱艾伦·图灵。图灵奖是计算机科学领域的最高奖。获奖者必须在计算机领域具有持久重大的先进性技术贡献。人工智能领域的先驱马文·明斯基(Marvin Lee Minsky)、约翰·麦卡锡(John McCarthy)、艾伦·纽厄尔(Allen Newell)和赫伯特·西蒙(Herbert Alexander Simon)等都曾经获奖。华人科学家姚期智 2000 年因为在伪随机数生成等计算领域的重要贡献而获奖。

练 习 题

一、选择题

1. 以下关于复杂度的说法正确的是(　　)。

　A. 时间复杂度可通过代码的执行时间来表示

　B. 时间复杂度可通过代码长度来表示

　C. 时间复杂度只是粗略地估计代码的执行次数

　D. 分析算法不需要考虑空间复杂度

2. 以下几种时间复杂度，增长速度最快的是(　　)。

　A. $O(2^n)$　　　　　B. $O(n\log n)$　　　　　C. $O(n^3)$　　　　　D. $O(n^2)$

3. 组成数据的基本单位是(　　)。

A．数据项　　　　B．数据类型　　　　C．数据元素　　　　D．数据变量

4. 算法与程序的主要区别在于程序可以不满足算法的（　　）。

A．确定性　　　　B．有穷性　　　　C．可行性　　　　D．正确性

5. 在数据结构中，从逻辑上可以把数据结构分成（　　）。

A．动态结构和静态结构　　　　　　　B．紧凑结构和非紧凑结构

C．线性结构和非线性结构　　　　　　D．内部结构和外部结构

二、填空题

1. 分析算法复杂度一般包括_____和_____。

2. _____是计算机存储、组织数据的方式，是相互之间存在一种或多种特定关系的数据元素的集合。

3. 算法的四大特性包括确定的输入输出、_____性、_____性、_____性。

4. 使用递归算法求解斐波那契数列第 n 项的时间复杂度为：_____。

5. 1+2+3+…+n 的最高效算法的时间复杂度为：_____。

三、分析下列算法段的时间复杂度

1. 以下算法求出了数组 a 的最值并求和，那么它的复杂度为（　　）。

```
int maxv = a[1] < a[2] ? a[2] : a[1];
int minv = a[1] < a[2] ? a[1] : a[2];
for (int i = 3; i <= n; i++)
{
    if (maxv < a[i]) maxv = a[i];
    else if (a[i] < minv) minv = a[i];
}
```

2. 以下算法分离了十进制数 n 每一位数字并求和，那么它的复杂度为（　　）。

```
int f(int n)
{
    int s = 0;
    while(n){
        s += n%10;
        n /= 10;
    }
    return s;
}
```

上机实验题

1. 换最多的可乐。

【题目描述】

青海大学八角亭的小商店规定：3 个空可乐瓶可以换 1 瓶可乐。如果小张手上有 10 个空可乐瓶，他最多可以换多少瓶可乐喝？答案是 5 瓶，方法如下：先用 9 个空瓶子换 3 瓶可乐，喝掉 3 瓶满的，喝完以后 4 个空瓶子，用 3 个再换一瓶，喝掉这瓶满的，这时候剩 2 个空瓶

子。然后你让老板先借给你一瓶可乐，喝掉这瓶满的，喝完以后用 3 个空瓶子换一瓶满的还给老板。如果小张手上有 n 个空可乐瓶，最多可以换多少瓶可乐喝？

【输入】

输入文件最多包含 10 组测试数据，每个数据占一行，仅包含一个正整数 n(1≤n≤100)，表示小张手上的空可乐瓶数。n=0 表示输入结束，你的程序不应当处理这一行。

【输出】

对于每组测试数据，输出一行，表示最多可以喝的可乐瓶数。如果一瓶也喝不到，输出 0。

【样例输入】

3

10

81

0

【样例输出】

1

5

40

2．因数之和。

【题目描述】

给定一个正整数 n，请输出 n 的因子之和。例如，n=10，那么它的因子有 1,2,5,10，所以因子之和为 18。

【输入】

输入包括一行：一个正整数 n，n≤10000。

【输出】

输出一个整数，表示 n 的所有因子之和。

【样例输入】

10

【样例输出】

18

第2章 线 性 表

线性表是最简单、最基本、最常用的一种线性结构。它有两种存储方法：顺序存储和链式存储。本章首先介绍线性表的定义与运算，给出实现线性表的两种存储结构——顺序存储结构与链式存储结构，进一步给出在相应存储结构上实现的线性表运算。

2.1 基本概念与运算

2.1.1 线性表的定义

线性表是 n 个数据元素的有限序列，其中 n(n≥0)为线性表的长度。

【例 2.1】描述一年四季的季节名(春、夏、秋、冬)是一个线性表，表中数据元素是季节名，线性表的长度是 4。

【例 2.2】26 个英文字母的字母表(A,B,…,Z)是一个线性表，表中数据元素是单个字母，线性表的长度是 26。表中 A 是第一个数据元素，Z 是最后一个数据元素，A 称为 B 的直接前驱，而 B 称为 A 的直接后继。

【例 2.3】某班学生的 C 语言成绩(72,80,64,…,92)是一个线性表，此时线性表中数据元素是一个整数。

在复杂一些的线性表中，一个数据元素可以由若干个数据项组成，此时数据元素称为记录，而含有大量记录的线性表又称为文件。如例 2.3 中的数据元素可改为由学号、姓名、C 语言成绩三个数据项组成，如表 2-1 所示。

表 2-1 学生成绩

学号	姓名	C 语言成绩
0909105001	赵永方	90
0909105002	肖丹	83
0909105003	马桂芳	78
⋮	⋮	⋮
0909105035	袁文艳	93

综合上述三个例子可知，线性表中的数据元素可以各种各样，但同一线性表中的所有元素性质是相同的，即属于同一数据对象，将线性表定义如下。

线性表(linear list)是由 n(n≥0)个类型相同的数据元素 $a_1,a_2,\cdots,a_n$ 组成的有限序列，记作 $(a_1,a_2,\cdots,a_i,\cdots,a_n)$。这里的数据元素 a_i(1≤i≤n)只是一个抽象的符号，其具体含义在不同情况下可以不同，但同一线性表中的数据元素必须属于同一数据对象。

此外，线性表中相邻数据元素之间存在着顺序关系，即对于非空的线性表 $(a_1,a_2,\cdots,a_i,\cdots,a_n)$ 来说，表中 a_{i-1} 领先于 a_i，称 a_{i-1} 是 a_i 的直接前驱，而称 a_i 是 a_{i-1} 的直接后继。除第一个元素 a_1 外，每个元素 a_i 有且仅有一个称为其直接前驱的结点 a_{i-1}，除最后一个元素 a_n 外，每个元

素 a_i 有且仅有一个称为其直接后继的结点 a_{i+1}。线性表中元素的个数 n 称为线性表的长度,n=0 时称为空表。

从线性表的定义可以看出线性表的特点如下。

(1)同一性:线性表由同类数据元素组成,每一个 a_i 必须属于同一个数据对象。

(2)有穷性:线性表由有限个数据元素组成,表长度就是表中数据元素的个数。

(3)有序性:线性表中相邻数据元素之间存在着顺序关系。

2.1.2 线性表的运算

在线性表中,常用的运算如下。

(1)初始化操作:建立一个空的线性表。

(2)取元素:求线性表中指定数据元素在线性表中的具体位置。

(3)插入:在线性表中插入一个新的数据元素。

(4)删除:删除表中的某个数据元素。

(5)求表长:求线性表中数据元素的个数。

(6)查找:查找表中满足某种条件的数据元素。

(7)排序:按一个或多个数据项值的递增或递减次序重新排列表中的数据元素。

在计算机内存放线性表,主要有两种基本的存储结构:顺序存储结构和链式存储结构,下面我们首先介绍采用顺序存储结构的线性表。

2.2 线性表的顺序存储方式

2.2.1 顺序表的结构

采用顺序存储结构的线性表通常称为**顺序表**。线性表的顺序存储结构,就是在内存中找到一块空的连续内存空间,然后把相同数据类型的数据元素依次存放在这块内存空间中。既然线性表的每个数据元素的类型都相同,那么可以用一维数组来实现顺序存储结构,即把第一个数据元素存到数组下标为 0 的位置中,接着把线性表相邻的元素存储在数组中相邻的位置。

因此,线性表的顺序存储是指用一组地址连续的存储单元依次存储线性表中的各个元素,使得线性表中在逻辑结构上相邻的数据元素存储在相邻的物理存储单元中,即通过数据元素物理存储的相邻关系来反映数据元素之间逻辑上的相邻关系。若一个数据元素占用 m 个存储单元,第一个元素存储位置为 d,则这种存储方式如图 2-1 所示。

在图 2-1 中,线性表相邻的元素 a_i 和 a_{i+1} 的存储位置 $LOC(a_i)$ 和 $LOC(a_{i+1})$ 也是相邻的,它们满足关系式(2-1):

$$LOC(a_{i+1}) = LOC(a_i) + m \qquad (2\text{-}1)$$

如果用 $LOC(a_1)$ 表示第一个元素的存储位置(通常称为线性表的起始位置或基地址),线性表第 i 个数据元素的存储位置为关系式(2-2):

$$LOC(a_i) = LOC(a_1) + (i-1)m \qquad (2\text{-}2)$$

也就是说,线性表中每一个数据元素的存储位置都和线性表的起始位置差一个与数据元素在线性表中的位序成正比的常数。因此,只要确定了存储线性表的起始位置,则线性表中任一元素都可以随机存取,所以说顺序表是一种随机存储结构。

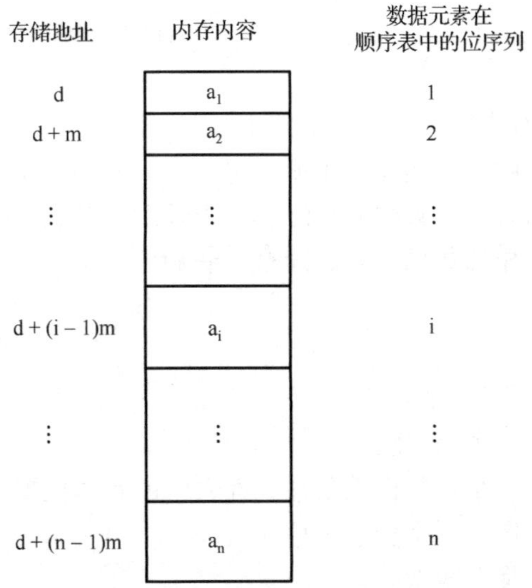

図 2-1　线性表的顺序存储结构

顺序存储结构可以借助于一维数组来表示，一维数组的下标与元素在线性表中的序号相对应，线性表的顺序存储结构可用 C 语言定义如下：

```
#define maxlen  1000          /*定义顺序表可能的最大数据元素数目为1000*/
typedef int elemtype;         /*elemtype 表示元素类型，简单起见定义为 int*/

typedef  struct
{
    elemtype  elem[maxlen];   /*数组存储数据元素*/
    int  len;                 /*线性表当前长度*/
}SqList;
```

在上面的代码中，顺序表 SqList 是一个结构体类型，它由两个成员组成：elem 表示存储顺序表元素的数组，其长度 maxlen 代表顺序表中元素数目的最大值；len 表示顺序表的实际长度。

值得注意的是，C 语言的数组下标从 0 开始，设线性表 $(a_1,a_2,\cdots,a_i,\cdots,a_n)$，$n \leqslant$ maxlen，则线性表的存储结构如图 2-2 所示。其中数据元素占用了 elem[0] 至 elem[n−1] 空间，而 elem[n] 至 elem[maxlen−1] 是备用空间。数据元素的存储位置可用数组的下标值来表示。

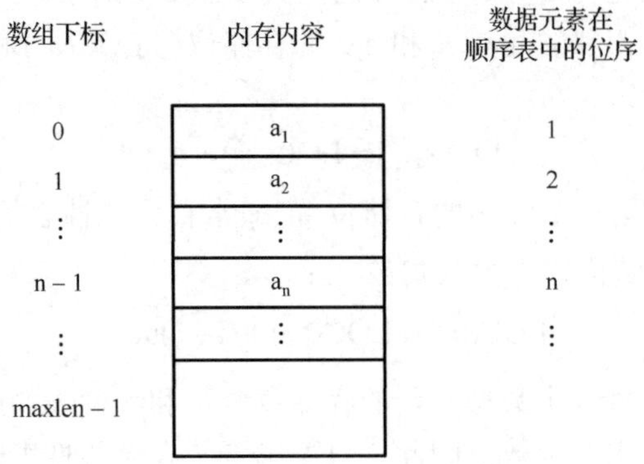

图 2-2　线性表在数组中的存储

2.2.2 顺序表的运算

顺序表最基本的运算是插入、删除和查找。

1. 插入

线性表的插入运算是指在表的第 $i(1 \leqslant i \leqslant n+1)$ 个位置，插入一个新元素 e，使长度为 n 的线性表 $(a_1,a_2,\cdots,a_i,\cdots,a_n)$ 变成长度为 n+1 的线性表 $(a_1,a_2,\cdots,a_i,\cdots,a_n,a_{n+1})$。用顺序表作为线性表的存储结构时，由于结点的物理顺序必须和结点的逻辑顺序保持一致，因此我们必须将原表中位置 $n,n-1,\cdots,i$ 上的结点，依次后移到位置 $n+1,n,\cdots,i+1$ 上，空出第 i 个位置，然后在该位置上插入新结点 e。当 i=n+1 时，是指在线性表的末尾插入结点，所以无需移动结点，直接将 e 插入表的末尾即可。

插入算法思想如下：

(1) 如果插入位置不合理，则抛出异常。

(2) 如果线性表长度大于等于数组长度，则抛出异常。

(3) 从最后一个元素开始向前遍历到第 i 个位置，分别将它们都向后移动一个位置，将要插入的元素填入位置 i 处。

(4) 表长加 1。

【例 2.4】在线性表 (90,83,78,64,67,82,72,93) 第 3 个元素之前插入一个元素 "97"。

需要将第 8 个位置到第 3 个位置的元素依次后移一个位置，然后将 "97" 插入第 3 个位置，如图 2-3 所示。请注意区分元素的序号和数组的下标。

1	2	3	4	5	6	7	8	9	10
90	83	78	64	67	82	72	93		

1	2	3	4	5	6	7	8	9	10
90	83		78	64	67	82	72	93	

1	2	3	4	5	6	7	8	9	10
90	83	97	78	64	67	82	72	93	

图 2-3　顺序表中插入元素

算法实现如下：

```
int ListInsert(SqList *L, int i, elemtype e)
/*在L中第i位置之前插入新的数据元素e，L的长度加1*/
{
    int j;

    if (i < 1 || i > L->len + 1)          /*1.检查插入位置是否正确*/
    {
        printf("插入位置i值不合法!");
        return -1;
    }
```

```
    if (L->len == maxlen)                        /*2．检查空间是否足够*/
    {
        printf("越界！");
        return 0;
    }

    for (j = L->len - 1; j >= i - 1; j--)        /*3．向后挪出一个位置*/
        L->elem[j + 1] = L->elem[j];

    L->elem[i - 1] = e;                          /*4．插入数据*/
    L->len++;
    return 1;
}
```

【算法 2.1　线性表的插入运算】

2．删除

线性表的删除运算是指将表的第 i(1≤i≤n)个元素删去，使长度为 n 的线性表$(a_1,a_2,\cdots,$ $a_i,\cdots,a_n)$，变成长度为 n-1 的线性表$(a_1,a_2,\cdots,a_i,\cdots,a_{n-1})$。

删除算法思想如下：

(1)如果删除位置不合理，则抛出异常。

(2)取出删除元素。

(3)从删除元素位置开始遍历到最后一个元素位置，分别将它们都向前移动一个位置。

(4)表长减 1。

【例 2.5】删除线性表(90,83,78,64,67,82,72,93)的第 3 个元素。

需要将第 4 个位置到第 8 个位置元素依次向前移动一个位置，请注意区分元素的序号和数组的下标，如图 2-4 所示。

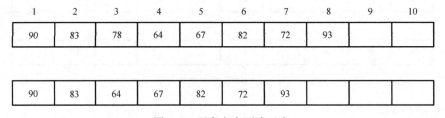

图 2-4　顺序表中删除元素

算法实现如下：

```
int ListDelete(SqList *L, int i, elemtype *e)
/*删除 L 中第 i 个位置的数据元素，并用 e 返回其值，L 的长度减 1*/
{
    int j;

    if (i < 1 || i > L->len)                     /*1.检查删除位置是否正确*/
    {
        printf("删除位置不正确！");
```

```
        return  -1;
    }
    if (L->len == 0)
    {
        printf("空表! ");
        return 1;
    }
    *e = L->elem[i - 1];

    for (j = i; j < L->len; j++)      /*2.覆盖删除位置数据*/
        L->elem[j - 1] = L->elem[j];
    L->len--;
    return 1;
}
```

【算法 2.2　线性表的删除运算】

3. 查找

顺序表的查找是指找出指定数据元素在表中的位序。元素在顺序表中的位序为存储该数据元素的数组下标加 1,算法实现如下:

```
int ListSearch(SqList *L, elemtype e)
/*在顺序表 L 中查找与 e 相等的元素, 若 L->elem[i]==e, 则找到该元素, 并返回 i+1, 若找不
到, 则返回 "-1" */
{
    int i;
    for (i = 0; i < L->len; i++)
        if (L->elem[i] == e) return i+1;
    return -1;
}
```

【算法 2.3　线性表的查找运算】

4. 顺序表基本运算的时间复杂度

在顺序表中插入或删除一个数据元素时,其时间主要耗费在移动数据元素上,如下所述。

(1)最优的情况,元素插入最后一个位置,或者删除最后一个元素,这种情况下不需要移动元素,时间复杂度是 $O(1)$。

(2)最坏的情况,元素插入第一个位置或者删除第一个元素,这种情况下所有的元素都要前移或者后移,时间复杂度是 $O(n)$。

(3)平均情况,根据概率原理每个位置插入和删除的可能性是相同的,最终平均移动次数与最中间的元素移动次数相等,是 $(n-1)/2$。

综上,插入和删除时间复杂度是 $O(n)$。

5. 顺序表的优缺点

1)优点

(1)逻辑上相邻的两元素物理上也相邻。

(2)可随机查找和修改任一元素。

(3)存储空间使用紧凑。

2)缺点

(1)插入、删除操作需要移动大量的元素。

(2)预先分配内存可能造成存储空间浪费。

(3)表容量难以扩充。

2.2.3 顺序表的实现

【例 2.6】创建顺序表(90,83,78,64,67,82,72,93),并编程实现以下功能:

(1)打印顺序表。

(2)查询顺序表中数据"82"所在的位置。

(3)向顺序表第 4 个位置插入数据"100"并打印新的顺序表。

(4)删除顺序表第 2 个位置的数据并打印新的顺序表。

在 Dev-C++5.8.3 环境下实现的程序如下:

```c
#include <stdio.h>
#include <stdlib.h>

#define EXIT 0
#define ERROR -1
#define FULL 0
#define maxlen 100

/*定义顺序表元素类型*/
typedef int elemtype;
/*自定义顺序表存储单元的类型为 elemtype,本例定义为 int*/

/*定义顺序表*/
typedef struct
{
    elemtype elem[maxlen];
/*定义顺序表的存储空间,最大为 maxlen*/
    int len;    /*定义顺序表的长度*/
} SqList;

/*顺序表的初始化*/
int ListInit(SqList *L)
{
    L->len = 0;
    return 1;
}

/*顺序表的创建*/
int ListCreate(SqList *L)
{
```

```
    int i;
    printf("请输入要创建的顺序表元素个数：\n");
    scanf("%d",&L->len);

    printf("请输入要创建的顺序表：\n");
    for(i=0;i<L->len;i++)
     scanf("%3d",&L->elem[i]);
    return 1;
}


/*顺序表的插入*/
int ListInsert(SqList *L, int i, elemtype e)
{
    int j;
    if (i < 1 || i > L->len + 1)              /*1.检查插入位置是否正确*/
    {
        printf("插入位置i值不合法!");
        return ERROR;
    }
    if (L->len == maxlen)                      /*2.检查空间是否足够*/
    {
        printf("越界!");
        return FULL;
    }
    for (j = L->len - 1; j >= i - 1; j--)     /*3.向后挪出一个位置*/
        L->elem[j + 1] = L->elem[j];

    L->elem[i - 1] = e;                        /*4.插入数据*/
    L->len++;
    return 1;
}


/*顺序表的删除*/
int ListDelete(SqList *L, int i, elemtype *e)
/*删除L中第i个位置数据元素，并用e返回其值，L的长度减1*/
{
    int j;

    if (i < 1 || i > L->len)                   /*1.检查删除位置是否正确*/
    {
        printf("删除位置不正确!");
        return ERROR;
    }
    if (L->len == 0)
    {
        printf("空表! ");
        return 1;
```

```c
    }
    *e = L->elem[i - 1];

    for (j = i; j < L->len; j++)            /*2.覆盖删除位置数据*/
        L->elem[j - 1] = L->elem[j];
    L->len--;
    return 1;
}


/*顺序表的查找*/
int ListSearch(SqList *L, elemtype e)
{
    int i;
    for (i = 0; i < L->len; i++)
        if (L->elem[i] == e) return i+1;
    return ERROR;
}

void ListPrint(SqList *L)
{
    int j;
    printf("\n***********顺序表信息如下: ***************\n");
    /*1.检查顺序表是否为空*/
    if (!L->len)
    {
        printf("\n 顺序表为空\n");
        return;
    }
    /*2.打印顺序表*/
    for (j = 0; j < L->len; j++)
        printf("%4d",L->elem[j]);
    printf("\n*************************************\n");
}

int main()
{
    int pos, choice, status =1;
    elemtype elem;

    SqList L;
    ListInit(&L);
    ListCreate(&L);
    while (status)
    {
        printf("======顺序表操作======\n");
        printf("1. 打印顺序表\n");
        printf("2. 查询顺序表某个数据的位置\n");
        printf("3. 向顺序表指定位置插入数据\n");
```

```
    printf("4. 删除顺序表指定位置的数据\n");
    printf("5. 退出顺序表操作演示程序\n");
    printf("=====================\n");
    printf("\n 输入 1-5，选择所需功能号: ");
    scanf("%d", &choice);
    printf("\n 您选择的功能号为: %d\n", choice);

    switch (choice)
    {
        case 1:
            ListPrint(&L);
            break;
        case 2:
            printf("\n 查询数据为:");
            scanf("%d", &elem);
            pos = ListSearch(&L, elem);
            if (pos == ERROR) printf("\n 未找到该值\n");
            else printf("位置为:%d\n", pos);
            break;
        case 3:
            printf("\n 插入的位置，值为:");
            scanf("%d,%d", &pos, &elem);
            if (ListInsert(&L, pos, elem) == 1)
                printf("\n 插入成功\n");
            else
                printf("\n 插入失败\n");
            break;
        case 4:
            printf("\n 删除的位置为:");
            scanf("%d", &pos);
            if (ListDelete(&L, pos, &elem) == 1)
                printf("\n 删除%d\n",elem);
            else
                printf("\n 删除失败\n");
            break;
        case 5:
            status = EXIT;
            printf("\n 程序即将关闭\n");
            break;
        default:
            break;
    }
    system("pause");
    }
}
```

程序运行结果如图 2-5～图 2-8 所示。

图 2-5 创建并打印输出顺序表

图 2-6 查询顺序表中数据"82"所在的位置

图 2-7 向顺序表第 4 个位置插入
数据"100"并打印新的顺序表

图 2-8 删除顺序表第 2 个位置的
数据并打印新的顺序表

2.3 线性表的链式存储方式

顺序表的存储特点是用物理上的相邻实现了逻辑上的相邻,它要求用连续的存储单元顺序存储线性表中的各个元素,因此对顺序表进行插入与删除操作时需要移动大量的数据元素,影响了运行效率。为了克服顺序表的这个缺点,可以采用链接方式存储线性表。通常我们将采用链式存储结构的线性表称为链表。根据结点构造链的方法不同,链表主要有单链表、循环链表和双向链表。

2.3.1 单链表

在顺序表中,用一组地址连续的存储单元来依次存放线性表的结点,因此结点的逻辑次序和物理次序是一致的。而链表是用一组任意的存储单元来存放线性表的结点,这组存储单元可以是连续的,也可以是非连续的,甚至也可能是零散分布在内存的任何位置上的。因此,链表中结点的逻辑次序和物理次序不一定相同。

为了正确地表示结点间的逻辑关系，在存储线性表的每个数据元素值的同时，必须存储指示其后继结点的地址（或位置）信息，这两部分信息组成的存储映象叫做结点（node），如图 2-9 所示。结点包括数据域和指针域，数据域用来存储结点的值，用 data 表示；指针域用来存储数据元素的直接后继的地址（或位置），用 next 表示。n 个结点链接成一个链表，即线性表 $(a_1,a_2,a_3,\cdots,a_n)$ 的链式存储结构，因为此链表的每个结点中只包含一个指针域，所以叫做单链表。

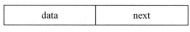

图 2-9　单链表的结点结构

单链表就是通过每个结点的指针域将线性表的数据元素按其逻辑次序链接在一起。有时为了操作方便，还可以在单链表的第一个结点之前附设一个头结点，头结点的数据域可以存储一些关于线性表长度的附加信息，也可以什么都不存；而头结点的指针域存储指向第一个结点的指针（即第一个结点的存储位置）。此时头指针就不再指向表中第一个结点而是指向头结点。一般通过头结点的指针 L 来标识整个单链表。如果线性表为空表，则头结点的指针域为"空"，如图 2-10 所示。本章讨论的单链表除特别指出外，均指带头结点的单链表。

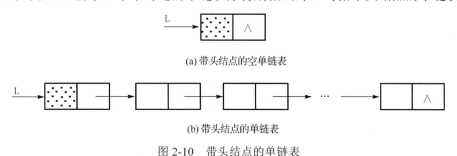

(a) 带头结点的空单链表

(b) 带头结点的单链表

图 2-10　带头结点的单链表

假设数据元素的类型为 elemtype，单链表的结点类型定义如下：

```
typedef struct node
{
    elemtype data;              /*数据域*/
    struct node *next;          /*指针域*/
} ListNode, *LinkList;          /*结点类型，链表类型*/
```

假设 p 是指向线性表第 i 个元素的指针，则该结点 a_i 的数据域可以用 p->data 来表示，p->next 的值是一个指针。p->next 指向 a_{i+1} 个元素，即指向 a_{i+1} 的指针。也就是说，如果 p->data=a_i.data，那么 p->next->data=a_{i+1}.data。

单链表最基本的运算包括初始化、建表、查找、插入、删除、判断单链表是否为空表、销毁以及输出运算。

1. 单链表的初始化

创建一个空的单链表，它只有一个头结点，L 指向它。该结点的 next 为空，data 域未设定任何值，如图 2-11 所示。

对应的算法如下，算法的时间复杂度为 O(1)。

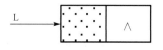

图 2-11　一个空的单链表 L

```
int ListInit(LinkList *L)
```

```
{
    *L = (ListNode *) malloc(sizeof(ListNode));
    /*初始化头结点，头结点的数据域并不存储数据，只是为了方便计算*/
    if (*L == NULL) return FULL;
    (*L)->next = NULL;
    return 1;
}
```

【算法 2.4　单链表的初始化】

注意：L 是指向单链表的头结点的指针，用来接收主程序中待初始化单链表的头指针变量的地址，*L 相当于主程序待初始化单链表的头指针变量。

2. 建立单链表

根据结点的插入位置不同，链表的创建方法可以分为头插法和尾插法。

1) 头插法建表

算法思想：从一个空表开始，每次读入数据，生成新的结点，将读入的数据存放到新结点的数据域中，将新结点插入头结点之后，如图 2-12 所示。采用头插法建立的单链表的逻辑顺序与输入元素顺序相反。

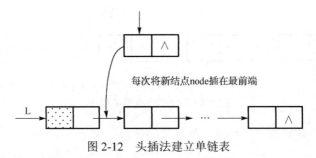

图 2-12　头插法建立单链表

采用头插法建立单链表的算法如下，算法的时间复杂度为 $O(n)$，n 为单链表 L 中数据结点的个数。

```
int ListCreateH(LinkList L, int n)
{
    int i,data;
    ListNode* node;
    for (i = 0; i< n; i++)
    {
        /*1.申请新结点空间*/
        node = (ListNode *) malloc(sizeof(ListNode));
        if (node == NULL) return FULL;
        /*2.为新结点赋值*/
        scanf("%d", &data);
        node->data = data;
        node->next = L->next;
        L->next = node;
    }
```

```
    return 1;
}
```

【算法 2.5 头插法建立单链表】

2) 尾插法建表

算法思想: 从一个空表开始, 每次读入数据, 生成新的结点, 将读入的数据存放到新结点的数据域中, 将新结点插入链表的尾部, 如图 2-13 所示。尾插法需要增加一个尾指针 r 指向链表的尾结点。采用尾插法建立的单链表的逻辑顺序与输入元素顺序相同。

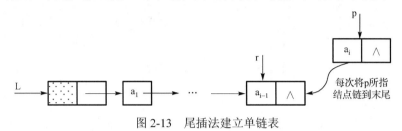

图 2-13 尾插法建立单链表

采用尾插法建立单链表的算法如下, 算法的时间复杂度为 O(n), n 为单链表 L 中数据结点的个数。

```
int ListCreateR(LinkList L, int n)
{
    int i, data;
    ListNode *r = L, *p;
    for (i = 0; i < n; i++)
    {
        /*1.申请新结点空间*/
        p = (ListNode *) malloc(sizeof(ListNode));
        if (p == NULL) return FULL;
        /*2.为新结点赋值*/
        scanf("%d", &data);
        p->data = data;
        p->next = NULL;
        /*3.尾部插入*/
        r->next = p;
        r = r->next;
    }
    return 1;
}
```

【算法 2.6 尾插法建立单链表】

3. 单链表的查找

1) 按值查找单链表

算法思想: 在单链表 L 中查找是否有值等于 e 的结点, 从单链表的头指针指向的头结点出发, 顺链逐个将结点的值与给定值 e 作比较, 返回查找结果。算法如下, 算法的时间复杂度为 O(n), n 为单链表 L 中数据结点的个数。

```
int ListSearch(LinkList L, elemtype e)
{
    int j = 0;
    while (L != NULL && L->data != e)
    {
        L=L->next;
        j++;
    }
    if (L==NULL) return 0;          /*未找到返回 0*/
    else return j;                  /*找到返回位置序号*/
}
```

【算法 2.7 按值查找单链表】

2）按序号查找单链表

在单链表中，由于每个结点的存储位置都放在其前一结点的 next 域中，所以即使知道被访问结点的节号 i，也不能像顺序表那样直接按序号 i 访问一维数组中的相应元素，实现随机存取，而只能从链表的头指针出发，顺链域 next 逐个结点往下搜索，直至搜索到第 pos 个结点。

算法思想：假设一个结点 p 指向链表的第一个结点，初始化 i 从 0 开始；当 i<pos 时，就遍历链表，让 p 的指针向后移动，不断指向下一个结点，i 累加 1；若查找成功，返回结点 p 的数据；若到链表末尾 p 为空，则说明第 i 个元素不存在，返回 0。算法如下，算法的时间复杂度为 O(n)，n 为单链表 L 中数据结点的个数。

```
int ListGetElem(LinkList L, int pos)
{
    ListNode *p = L;
    int i = 0;
    if(pos < 1) return -1;          /*位置合法性检查*/
    for (; i < pos; i++)
    {
        p = p->next;
        if(p==NULL) return 0;       /*未找到返回 0*/
    }
    return p->data;                 /*找到返回 p 结点的值*/
}
```

【算法 2.8 按序号查找单链表】

4. 单链表的插入

算法思想：要在带头结点的单链表 L 中的第 i 个位置插入一个数据元素 e，需要首先在单链表中找到第 i–1 个结点并由指针 p 指示，然后申请一个新的结点并由指针 q 指示，其数据域的值为 e，并修改第 i–1 个结点的指针使其指向 q，然后使 q 结点的指针域指向原第 i 个结点。插入结点的过程如图 2-14 所示。算法如下，算法的时间复杂度为 O(n)，n 为单链表 L 中数据结点的个数。

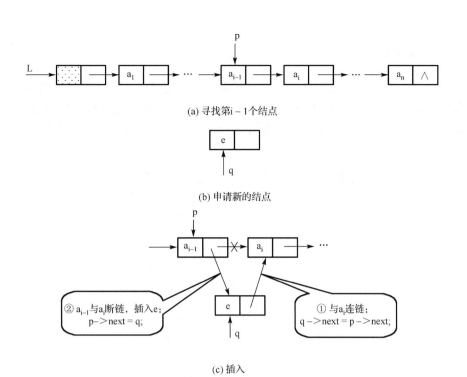

(a) 寻找第 i − 1 个结点

(b) 申请新的结点

② a_{i-1} 与 a_i 断链，插入 e:
p−>next = q;

① 与 a_i 连链:
q −>next = p −>next;

(c) 插入

图 2-14　在单链表第 i 个结点前插入一个结点的过程

```
int ListInsert(LinkList L, int i, elemtype e)
{
    ListNode *p = L, *q;
    int j = 0;
    /*1.判断插入位置是否合法*/
    if (i <= 0) return -1;
    /*2.查找第 i-1 个结点*/
    while (p != NULL && j < i - 1)
    {
        p = p->next;
        j++;
    }
    if (p == NULL) return -1;   /*插入位置不合理*/
    /*3.插入新结点*/
    else {
        q = (ListNode *) malloc(sizeof(ListNode));
        if (q == NULL) return FULL;
        q->data = e;
        q->next = p->next;
        p->next = q;
        return 1;
    }
}
```

【算法 2.9　单链表的插入操作】

5. 单链表的删除

算法思想：要在带头结点的单链表 L 中删除第 i 个结点，则首先要找到第 i−1 个结点并使 p 指向第 i−1 个结点，而后删除第 i 个结点并释放结点空间。删除结点的过程如图 2-15 所示。算法如下，算法的时间复杂度为 O(n)，n 为单链表 L 中数据结点的个数。

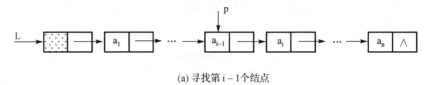

(a) 寻找第 i − 1 个结点

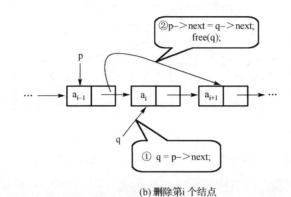

(b) 删除第 i 个结点

图 2-15   删除单链表第 i 个结点的过程

```c
int ListDelete(LinkList L, int i)
{
    ListNode *p=L,*q;
    int j = 0;
    /*1.检查删除位置是否正确*/
    if (i <= 0) return -1;
    /*2.查找第 i-1 个结点*/
    while (p != NULL && j < i - 1)
    {
        p = p->next;
        j++;
    }
    if (p == NULL) return -1;
    else
    {
        q = p->next;
        if (q == NULL)
            return -1; /*删除位置不合法*/
        else
        {
            /*3.修改指针，删除结点*/
            p->next = q->next;
            free(q);
```

```
        return 1;
    }
  }
}
```

【算法 2.10　单链表的删除操作】

6. 判断单链表是否为空表

该运算在单链表 L 中没有数据结点时返回 1，否则返回 0。算法如下：

```
int IsEmpty(LinkList L)
{
    if (L->next == NULL) return 1;
    else return 0;
}
```

7. 单链表的销毁

算法思想：单链表中的所有结点都是通过 malloc 函数分配的，当结点不需要存储空间时，可以通过 free 函数释放所有的内存空间。让 p 指向头结点，q 指向第一个结点；当 q 不为 NULL 时循环，释放 p 所指结点；让 p、q 指针沿 next 域向后移动；当循环结束时，p 为 NULL，释放 p 所指的尾结点。算法如下，算法的时间复杂度为 O(n)，n 为单链表 L 中数据结点的个数。

```
int ListDestroy(LinkList L)
{
    /*手动释放所有结点的存储*/
    ListNode *p=L,*q;
    if (p == NULL) return 1;
    while (p != NULL)
    {
        q = p->next;
        free(p);
        p = q;
    }
    return 1;
}
```

【算法 2.11　单链表的销毁操作】

8. 单链表的输出

算法思想：从第一个结点开始，沿 next 域逐个遍历单链表，输出每个结点的值域，到尾结点为止。算法如下，算法的时间复杂度为 O(n)，n 为单链表 L 中数据结点的个数。

```
void ListPrint(LinkList L)
{
    while (L->next != NULL)
    {
        printf("%4d", L->next->data);
```

```
        L = L->next;
    }
    printf("\n");
}
```

【算法 2.12 单链表的输出操作】

9. 单链表的优缺点

1）优点

(1)单链表是一种动态数据结构,因此它可以在运行时通过分配和取消分配内存来插入和删除结点。

(2)与数组不同,我们不必在插入或删除元素后移位元素,只需要更新结点下一个指针中的地址。

(3)由于单链表的大小可以在运行时增加或减少,因此内存利用率高。

2）缺点

(1)与数组相比,在单链表中存储元素需要更多内存,因为在单链表中每个结点都包含一个指针,它需要额外的内存。

(2)单链表中的结点遍历很困难,访问元素的效率低,我们不能像顺序表一样随机访问任何元素。

10. 单链表的实现

【**例 2.7**】创建单链表(90,83,78,64,67,82,72,93),并编程实现以下功能:

(1)打印单链表。

(2)查询单链表中数据"82"所在的位置。

(3)查询第 5 个位置的元素值。

(4)向单链表第 4 个位置插入数据"100"并打印新的单链表。

(5)删除单链表第 2 个位置的数据并打印新的单链表。

在 Dev-C++5.8.3 环境下实现的程序如下:

```
#include <stdio.h>
#include <stdlib.h>

#define RUN 1
#define EXIT 0
#define ERROR -2
#define FULL -1
#define DONE 1
#define TRUE 1
#define FALSE 0

/*1. 定义单链表元素类型*/
typedef int elemtype;
/*自定义单链表存储单元的类型为 elemtype*/
```

```
/*2.定义单链表*/
typedef struct node
{
    elemtype data;                  /*数据域*/
    struct node *next;              /*指针域*/
} ListNode, *LinkList;              /*结点类型，链表类型*/

int ListInit(LinkList *L)
{
    *L = (ListNode *) malloc(sizeof(ListNode));
    /*初始化头结点，头结点的数据域并不存储数据，只是为了方便计算*/
    if (*L == NULL) return FULL;
    (*L)->next = NULL;
    return DONE;
}

int ListCreateR(LinkList L, int n)
{
    int i, data;
    ListNode *r = L, *p;
    for (i = 0; i < n; i++)
    {
        /*1.申请新结点空间*/
        p = (ListNode *) malloc(sizeof(ListNode));
        if (p == NULL) return FULL;
        /*2.为新结点赋值*/
        scanf("%d", &data);
        p->data = data;
        p->next = NULL;
        /*3.尾部插入*/
        r->next = p;
        r = r->next;
    }
    return DONE;
}

int IsEmpty(LinkList L)
{
    if (L->next == NULL) return 1;
    else return 0;
}

int ListInsert(LinkList L, int i, elemtype e)
{
    ListNode *p = L, *q;
    int j = 0;
    /*1.判断插入位置是否合法*/
```

```c
    if (i <= 0) return ERROR;
    /*2.查找第 i-1 个结点*/
    while (p != NULL && j < i - 1)
    {
        p = p->next;
        j++;
    }
    if (p == NULL) return ERROR;  /*插入位置不合理*/
        /*3.插入新结点*/
    else {
        q = (ListNode *) malloc(sizeof(ListNode));
        if (q == NULL) return FULL;
        q->data = e;
        q->next = p->next;
        p->next = q;
        return DONE;
    }
}


int ListDelete(LinkList L, int i)
{
    ListNode *p=L,*q;
    int j = 0;
    /*1.检查删除位置是否正确*/
    if (i <= 0) return ERROR;
    /*2.查找第 i-1 个结点*/
    while (p != NULL && j < i - 1)
    {
        p = p->next;
        j++;
    }
    if (p == NULL) return ERROR;
    else
    {
        q = p->next;
        if (q == NULL)
            return ERROR;  /*删除位置不合法*/
        else
        {
            /*3.修改指针，删除结点*/
            p->next = q->next;
            free(q);
            return DONE;
        }
    }
}
```

```
int ListSearch(LinkList L, elemtype e)
 {
    int j = 0;
    while (L != NULL && L->data != e)
    {
        L = L->next;
        j++;
    }
    if (L == NULL) return ERROR;
    else return j;
}

elemtype ListGetElem(LinkList L, int pos)
{
    int i = 0;
    if (pos < 1) return ERROR;              /*位置合法性检查*/
    for (; i < pos; i++)
    {
        L = L->next;
        if (L == NULL) return ERROR;        /*位置合法性检查*/
    }
    return L->data;
}

int ListDestroy(LinkList L)
{
    /*手动释放所有结点的存储*/
    ListNode *p=L,*q;
    if (p == NULL) return DONE;
    while (p != NULL)
    {
        q = p->next;
        free(p);
        p = q;
    }
    return DONE;
}

void ListPrint(LinkList L)
{
    while (L->next != NULL)
    {
        printf("%4d", L->next->data);
        L = L->next;
    }
    printf("\n");
}
```

```
int main()
{
    setbuf(stdout, 0);
    int pos, choice, status = RUN;
    elemtype data;

    LinkList L;
    ListInit(&L);
    printf("创建单链表(输入 8 个正整数)\n");
    ListCreateR(L, 8);
    while (status)
    {
        printf("======单链表操作======\n");
        printf("1. 打印单链表\n");
        printf("2. 查询单链表某个数据的位置\n");
        printf("3. 查询单链表某个位置的数据\n");
        printf("4. 向单链表指定位置插入数据\n");
        printf("5. 删除单链表指定位置的数据\n");
        printf("6. 退出单链表操作演示程序\n");
        printf("=====================\n");
        printf("\n 输入 1-5，选择所需功能号：");
        while (getchar() != '\n');   /*清空输入流缓冲区的回车字符*/
        scanf("%d", &choice);
        printf("\n 您选择的功能号为：%d\n", choice);

        switch (choice)
        {
            case 1:
                ListPrint(L);
                break;
            case 2:
                printf("\n 查询数据为:");
                while (getchar() != '\n');   /*清空输入流缓冲区的回车字符*/
                scanf("%d", &data, sizeof(data));
                pos = ListSearch(L, data);
                if (pos == ERROR) printf("\n 未找到该值\n");
                else printf("位置为:%d\n", pos);
                break;
            case 3:
                printf("\n 查询位置为:");
                while (getchar() != '\n');   /*清空输入流缓冲区的回车字符*/
                scanf("%d", &pos, sizeof(pos));
                data = ListGetElem(L, pos);
                if (data == ERROR) printf("\n 未找到该值\n");
                else printf("该位置的元素值为:%d\n", data);
```

```
            break;
        case 4:
            printf("\n 插入的位置，值为:");
            while (getchar() != '\n');   /*清空输入流缓冲区的回车字符*/
            scanf("%d,%d", &pos, &data, sizeof(pos) + sizeof(data));
            if (ListInsert(L, pos, data) == DONE)
                printf("\n 插入成功\n");
            else
                printf("\n 插入失败\n");
            break;
        case 5:
            printf("\n 删除的位置为:");
            while (getchar() != '\n');   /*清空输入流缓冲区的回车字符*/
            scanf("%d", &pos);
            if (ListDelete(L, pos) == DONE)
                printf("\n 删除成功\n");
            else
                printf("\n 删除失败\n");
            break;
        case 6:
            status = EXIT;
            printf("\n 程序即将关闭\n");
            break;
        default:
            break;
        }
        system("pause");
    }
    ListDestroy(L);
    return 0;
}
```

程序运行结果如图 2-16～图 2-20 所示。

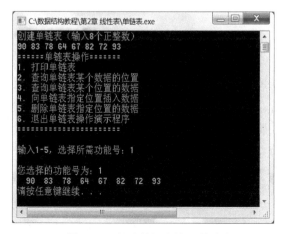

图 2-16 创建并打印输出单链表

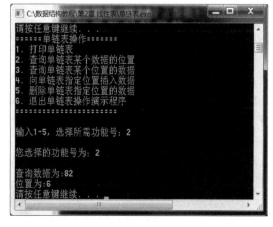

图 2-17 查询单链表中数据 "82" 所在的位置

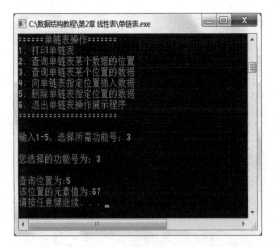

图 2-18　查询单链表中第 5 个位置的元素值　　　　图 2-19　向单链表第 4 个位置插入数据
　　　　　　　　　　　　　　　　　　　　　　　　　　　　"100"并打印新的单链表

图 2-20　删除单链表第 2 个位置的数据并打印新的单链表

2.3.2　循环链表

1. 循环链表的概念

循环链表是一种特殊的链式存储结构，它是一个首尾相接的单链表。在单链表中，每个结点的指针都指向它的下一个结点，最后一个结点的指针为空，不指向任何地方，只表示链表的结束。如果把这种结构改变一下，使其最后一个结点的指针指向链表的第一个结点，则链表呈环状，这种形式的单链表称为循环链表，如图 2-21 所示。

假设数据元素的类型为 elemtype，循环链表的结点类型定义如下：

```
typedef structCnode
{
  elemtype data;          /*数据域*/
  structCnode  *next;     /*指针域*/
} ClinkList;              /*循环链表结点类型*/
```

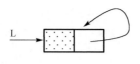

(a) 带头结点的空循环链表

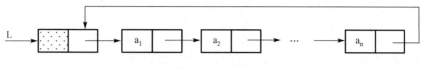

(b) 带头结点的循环链表

图 2-21　带头结点的循环单链表

2. 循环链表的运算

循环链表的运算与单链表的运算相似，区别在于当需要从头到尾扫描整个链表时，判断是否到表尾的条件不同。在单链表中以指针域是否为"NULL"作为判断表尾结点的条件。而在循环链表中则以结点的指针域是否等于头指针作为判断表尾结点的条件。

1) 循环链表中查找元素值为 e 的结点

```
int ClistLocate(ClinkList  *L, elemtype e)
{
 ClinkList  *p=L->next ;
 int j=1;
 while(p->next!=L&&p->data!=e)
   {
     p=p->next;
     j++;
   }
   if(p==L)
     return 0;                  /*未找到返回 0*/
     else return(j);            /*找到返回位置序号*/
}
```

【算法 2.13　循环链表的按值查找】

算法的时间复杂度为 O(n)，n 为循环链表 L 中数据结点的个数。

2) 循环链表的合并

【例 2.8】有两个带头结点的循环链表 La、Lb，编写算法，将两个循环链表合并成一个循环链表，其头指针为 La。

算法思想：先找到两个循环链表的尾，并分别由指针 p、q 指向它们，然后将第一个循环链表的尾与第二个循环链表的第一个结点链接起来，并修改第二个循环链表的尾 q，使它指向第一个循环链表的头结点。

```
ClinkList  merge (ClinkList *La, ClinkList *Lb)
{
   ClinkList *p, *q;
   p=La;
```

```
        q=Lb;
        while (p->next!=La)        /*找到循环链表 La 的表尾,用 p 指向它*/
            p=p->next;

        while (q->next!=Lb)        /*找到循环链表 Lb 的表尾,用 q 指向它*/
            q=q->next;

        q->next=La;
         /*修改循环链表 Lb 的尾指针,使之指向循环链表 La 的头结点*/
        p->next=Lb->next;
        /*修改循环链表 La 的尾指针,使之指向循环链表 Lb 中的第一个结点*/
        free(Lb);
        return(La);
    }
```

【算法 2.14 循环链表的合并算法】

从上面的方法可以看出,需要遍历链表,找到表尾,其时间复杂度为 O(n)。如果在循环链表中设立尾指针,循环单链表合并过程如图 2-22 所示。

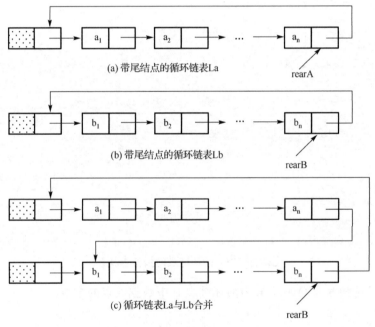

(a) 带尾结点的循环链表La

(b) 带尾结点的循环链表Lb

(c) 循环链表La与Lb合并

图 2-22 带尾结点的循环单链表合并

将两个循环链表合并成一个表时,只需将一个表的表尾与另一个表的表头相接,只需要改变两个指针值,时间复杂度为 O(1)。

```
ClinkList mergeoptimize(ClinkList *rearA, ClinkList *rearB)
{
    ClinkList *p;
    p=rearA->next;/*保存循环链表 rearA 的头结点地址*/
    rearA->next=rearB->next->next;
    /*循环链表 Lb 的第 1 个结点链接在 rearA 的表尾*/
```

```
        free(rearB->next);/*释放循环链表 Lb 的头结点*/
        rearB->next=p;
        /*将循环链表 La 的头结点链接到循环链表 Lb 的尾结点之后*/
        return rearB;/*返回新循环链表的尾指针*/
}
```

【算法 2.15　循环链表的合并优化算法】

2.3.3　双向链表

在单链表中结点只有一个指向直接后继的指针域，这样从某个结点出发只能顺指针方向寻找它的后继结点。如果想要寻找结点的直接前驱，则可以再加上一个指针域存储其直接前驱的地址，这样就构成了双向链表。

双向链表中每个结点有两个指针域：一个指向其直接后继；另一个指向其直接前驱。结点的结构如图 2-23 所示，双向链表的结点定义如下：

```
typedef struct DLNode
{
    elemtype data;
    struct  DLNode *prior,*next;
}DoubleList;
```

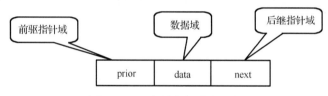

图 2-23　双向链表的结点结构

与单链表一样，双向链表也由头指针唯一确定。为了操作方便，双向链表可以带头结点，也可以有循环，如图 2-24 所示。

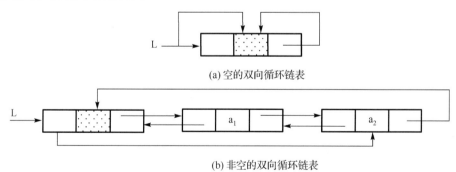

(a) 空的双向循环链表

(b) 非空的双向循环链表

图 2-24　带头结点的双向循环链表

设 p 指向双向循环链表中的某一结点，则 p->prior->next 表示的是 p 结点之前驱结点的后继结点指针，与 p 相等；p->next->prior 表示的是 p 结点之后继结点的前驱结点指针，也与 p 相等，则有下式成立：

```
p->prior->next=p = p->next->prior
```

在双向链表中，那些只涉及后继指针的算法，如求表长度、取元素、元素定位等运算，与单链表中相应的算法相同,而对于前插和删除操作则涉及前驱和后继两个方向的指针变化，因此与单链表中的算法不同。

1. 在双向链表中插入一个结点

设 p 指向双向链表中某结点，q 指向待插入值为 e 的新结点，将 q 结点插入 p 结点的前面，插入操作如图 2-25 所示。

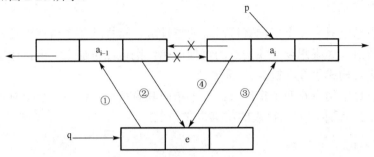

图 2-25　双向链表中插入结点

操作如下：

(1) q->prior=p->prior;

(2) p->prior->next=q;

(3) q->next=p;

(4) p->prior =q;

2. 在双向链表中删除指定结点

设 p 指向双向链表中某结点，删除 p 结点，删除操作如图 2-26 所示。

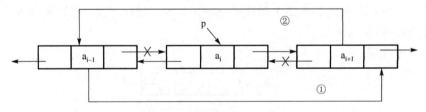

图 2-26　双向链表中删除结点

操作如下：

(1) p->prior->next= p->next;

(2) p->next->prior = p->prior;

(3) delete p;

2.4　线性表的应用

2.4.1　单链表的应用：单链表归并问题

【例 2.9】已知单链表 La 和 Lb 是两个带头结点递增有序的单链表，设计算法将 La 和 Lb

归并成一个新的递增有序的单链表 Lc，要求单链表 Lc 仍使用原来两个链表的存储空间。

算法思想：假设头指针 pa 和 pb 的单链表分别为单链表 La 和 Lb 的存储结构，现要归并 La 和 Lb 得到单链表 Lc，需要设立 3 个指针 pa、pb 和 pc，其中 pa 和 pb 分别指向 La 和 Lb 表中当前进行比较的结点，而 pc 指向新表中当前最后一个结点，若 pb->data>pa->data，则将 pb 所指结点链接到 pc 所指结点之后，否则将 pa 所指结点链接到 pc 所指结点之后。归并算法如下：

```
void LinkMerge(LinkList *La, LinkList *Lb)
{
  LinkList  *Lc,*pa=La->next,*pb=Lb->next,*pc;
  Lc=La;                /*将 La 的头结点用作 Lc 的头结点*/
  pc=Lc;                /*pc 总是指向新生成的单链表的尾结点*/
  free(Lb);             /*释放 Lb 的头结点*/
  while(pa!=NULL&&pb!=NULL)
    {
    if(pa->data<pb->data)
     {
       pc->next=pa;
       pc=pa;
       pa=pa->next;
     }
    else if (pa->data>pb->data)
      {
       pc->next=pb;
       pc=pb;
       pa=pb->next;
      }
    else    /*相等*/
    {/*都链接到 Lc 中*/
       pc->next=pa;
       pc=pa; pa=pa->next;
       pc->next=pb;
       pc=pb; pb=pb->next;
    }
  }
  pc->next=NULL;
  if(pa!=NULL)
      pc->next=pa;         /*La 单链表还有剩余结点*/
  if(pb!=NULL)
      pc->next=pb;         /*Lb 单链表还有剩余结点*/
}
```

此外，链表还经常用于表示多项式，一个多项式可以通过一个链表来表示，链表的每一个结点的数据域表示多项式中的一项，包括该项的指数和系数，在执行基于链表的多项式加法和减法的时候，其算法与归并十分类似。

2.4.2 循环链表的应用：求解约瑟夫问题

【例 2.10】编写一个程序求解约瑟夫(Joseph)问题。一群猴子都有编号，这群猴子(n 个)按照 1~n 的顺序围坐一圈。首先从第一只猴子开始，按顺时针数，每数到第 m 只，该猴子就要离开此圈。然后从下一只猴子开始，按顺时针数，数到第 m 只猴子再令其出列，…，这样依次下来，直到圈中只剩下最后一只猴子，则该猴子为大王。例如，若 n=8，m=3，则出列的顺序将为 3,6,1,5,2,8,4，最初编号为 7 的猴子将为大王，如图 2-27 所示。

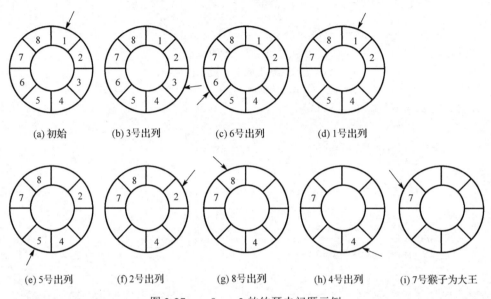

图 2-27 n=8, m=3 的约瑟夫问题示例

下面给出实现猴子选大王的过程。本算法中的参数包括猴子数 n 和所数的数值 m。该函数过程共执行 n–1 趟报数循环，每趟连续计数 m 项，并从链表中删除第 m 个结点及打印该结点的编号，当只剩下一个结点时跳出循环，结束算法。

在 Dev-C++5.8.3 环境下实现的程序如下：

```
#include <stdio.h>
#include <stdlib.h>

typedef struct node
{
    int id;              /*编号*/
    struct node *next;   /*指针域*/
} LinkList;

int main( )
{
    LinkList *index = NULL, *monkey = NULL;
    int i, n, m;
    /*1.接收参数 n, m*/
    printf("请输入 n,m:\n");
```

```
        scanf_s("%d,%d", &n, &m);
        if (n == 0) {
            printf("n 必须大于 0! ");
            return 0;
        }
        /*2.构建猴群*/
        for (i = 0; i < n; i++)
          {
            if (i == 0)
              {
                monkey = (LinkList *) malloc(sizeof(LinkList));
                monkey->id = 1;
                index = monkey;
                continue;
              }
            monkey->next = (LinkList *) malloc(sizeof(LinkList));
            monkey->next->id = i + 1;
            monkey = monkey->next;
          }
        monkey->next = index;
        /*3.踢出猴子*/
        while (1) {
            for (i = 0; i < m; i++)
              {
                if (i == m - 2)
                  {
                    if (index->next == index) {
                        printf("\n 猴子大王的编号是: %d\n", index->id);
                        free(index);
                        system("pause");
                        return 0;
                    }
                    monkey = index->next;
                    index->next = monkey->next;
                    printf("猴子%d 出列\n", monkey->id);
                    free(monkey);
                    continue;
                  }
                index = index->next;
              }
          }
}
```

程序运行结果如图 2-28 所示。

图 2-28   n=8, m=3 的约瑟夫问题实现结果

本 章 小 结

本章介绍了线性表的定义、线性表的基本运算以及各种存储结构的描述方法。主要讨论了顺序存储结构和链式存储结构以及在这两种存储结构上实现的运算。

对于顺序表来说，元素存储的先后位置反映出其逻辑上的线性关系，借助数组来表示。给定数组的下标，便可以存取相应的元素，属于随机存取结构。而链表是依靠指针来反映其线性逻辑关系的，链表结点的存取要从头指针开始，顺链而行。此外，链表还有循环链表和双向链表，各有不同的应用场合。

本章思维导图如图 2-29 所示。

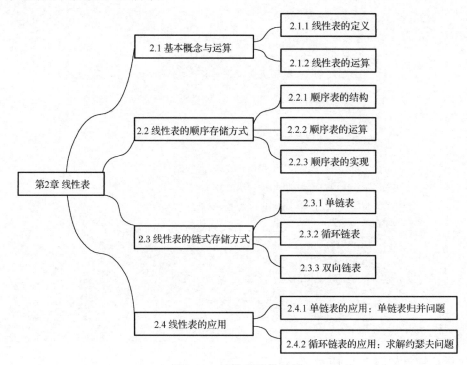

图 2-29   线性表思维导图

神奇的斐波那契数列

斐波那契数列在公元前的印度就已经被提出,在欧洲由公元12世纪的意大利数学家莱昂纳多·斐波那契(图2-30)以兔子繁殖为例子引入,因此又称为"兔子数列",如图2-31所示。假如兔子在出生两个月后就有繁殖能力,一对兔子每个月能生出一对小兔子来,如果所有兔子都不会死,那么12个月后一共有多少对兔子?这一问题可以通过图2-31形象地予以表述。

图2-30 莱昂纳多·斐波那契

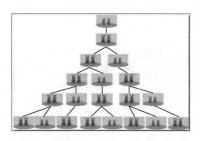

图2-31 兔子数列

斐波那契数列在自然科学的其他分支中有许多应用。以树木的生长为例,由于新生的枝条,往往需要一段"休息"时间,供自身生长,而后才能萌发新枝。所以,一株树苗在一段间隔,如一年,以后长出一条新枝;第二年新枝"休息",老枝依旧萌发;此后,老枝与"休息"过一年的枝同时萌发,当年生的新枝则次年"休息"。这样,一株树木(图2-32)各个年份的枝丫数,便构成斐波那契数列。这个规律,就是生物学上著名的"鲁德维格定律"。

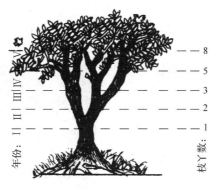

图2-32 一株树木

斐波那契数列的有趣之处在于它的通项公式:

$$f(n) = \frac{1}{\sqrt{5}}\left[\left(\frac{1+\sqrt{5}}{2}\right)^n - \left(\frac{1-\sqrt{5}}{2}\right)^n\right]$$

一个整数序列的通项公式竟然用无理数表达。更重要的是,这个无理数,很特别!斐波那契数列的前一项和后一项之比无限接近一个数:黄金分割,即 0.618。不信可以试几个:$1 \div 1 = 1$,$1 \div 2 = 0.5$,$2 \div 3 = 0.666\cdots$,$3 \div 5 = 0.6$,$5 \div 8 = 0.625$,$55 \div 89 = 0.617977\cdots$,$144 \div 233 = 0.618025\cdots$,$46368 \div 75025 = 0.6180339886\cdots$。这个极限可以用数学的方法证明,在此略去。

公元前4世纪,古希腊数学家欧多克索斯第一个系统研究了黄金分割的问题,并建立起比例理论。他认为所谓黄金分割，指的是把长为 L 的线段分为两部分，使其中一部分对于全部之比，等于另一部分对于该部分之比。而计算黄金分割最简单的方法，即是计算斐波那契数列 1,1,2,3,5,8,13,21，…第二位起相邻两数之比。

人们发现，按比例 0.618：1 来设计，画出的画最优美，在达·芬奇的作品《蒙娜丽莎》（图 2-33）和《最后的晚餐》中都运用了黄金分割（图 2-34）。而现今的女性，腰身以下的长度平均只占身高的 0.58，因此古希腊的著名雕像断臂维纳斯及太阳神阿波罗都通过故意延长双腿的方式，使之与身高的比值为 0.618。建筑师对数字 0.618 特别偏爱，无论是古埃及的金字塔，还是巴黎的圣母院，或者是近世纪的法国埃菲尔铁塔、希腊雅典的巴特农神庙，都有黄金分割的足迹。

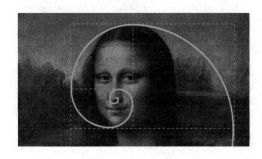 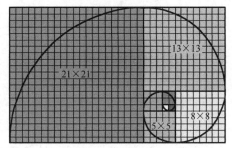

图 2-33　蒙娜丽莎　　　　　　　　　　　图 2-34　黄金分割

如果我们把斐波那契数列作为一个个正方形的边长，按照图 2-34 所示的方式拼起来，并按照图示方式画出曲线，那就得到了"斐波那契螺旋"（图 2-35），这一螺旋是黄金螺旋的最佳近似。

神奇的是，大自然中，小到动植物，大到星云（图 2-36），都呈现出这一螺旋。这一神秘的数字，把看似毫不相干的大自然完美地串在了一起。

图 2-35　斐波那契螺旋　　　　　　　　　图 2-36　星云螺旋

练　习　题

一、选择题

1. 线性表是具有 n 个（　　　）的有限序列（n>0）。

A．表元素　　　　B．字符　　　　C．数据元素　　　　D．数据项

2．用链表表示线性表的优点是（　　）。

　　A．便于插入和删除操作

　　B．数据元素的物理顺序与逻辑顺序相同

　　C．花费的存储空间比顺序存储少

　　D．便于随机存取

3．把长度为 m 的单链表接在长度为 n 的单链表之后的算法的时间复杂度为（　　）。

　　A．O(m)　　　　B．O(n)　　　　C．O(m+n)　　　　D．O(1)

4．在一个单链表中，若 P 所指结点不是最后结点，在 P 之后插入 S 所指结点，则执行（　　）。

　　A．S->next= P->next; P->next=S;　　　　B．P->next= S->next; S->next=P;

　　C．S->next=P; P->next=S;　　　　D．P->next=S; S->next=P;

5．带头结点的单链表 head 为空的判定条件是（　　）。

　　A．head=NULL;　　　　B．head->next=NULL;

　　C．head->next= head;　　　　D．head!=NULL;

二、填空题

1．当线性表的元素总数基本稳定，且很少进行插入和删除操作，但要求以最快的速度存取线性表中的元素时，应采用_____存储结构。

2．顺序存储结构是通过_____表示元素之间的关系的；链式存储结构是通过_____表示元素之间的关系的。

3．在一个长度为 n 的顺序表中第 i 个元素(1≤i≤n)之前插入一个元素时，需向后移动_____个元素。

4．在顺序表中访问任意一结点的时间复杂度均为_____，因此，顺序表也称为_____的数据结构。

5．顺序表中逻辑上相邻的元素的物理位置_____相邻。单链表中逻辑上相邻的元素的物理位置_____相邻。

三、算法题

写出将两个有序顺序表(升序排列)合并成一个新的有序顺序表的算法实现。假设顺序表的静态存储表示如下：

```
typedef int T;
typedef struct
{
    T data[maxsize];
    int n;
} SeqList;
```

请完成函数：

```
bool Merge(SeqList &A, SeqList &B, SeqList &C){ }
/*合并有序顺序表 A 和 B 成为一个新的有序顺序表*/
```

上机实验题

1. 数组去重。

【题目描述】

给定包含 n(n≤10000) 个整数的数组，要求去掉数组中重复的元素。

【输入】

输入包括两行，第一行一个整数 n，表示数组的长度，第二行 n 个整数。

【输出】

输出去重后的数组。

【样例输入】

5

2 2 50 4 4

【样例输出】

2 50 4

2. 数组的区间删除。

【题目描述】

给定包含 n 个整数的数组，要求删除区间[lo,hi]之间的所有元素，要求实现 O(n) 的时间复杂度。

【输入】

输入包括 3 行，第 1 行 n 表示数组的大小，第 2 行 n 个整数，第 3 行两个整数 lo 和 hi，表示删除区间。

【输出】

输出删除后的数组元素。

【样例输入】

10

1 2 3 4 5 6 7 8 9 10

3 6

【样例输出】

1 2 6 7 8 9 10

3. 单链表的简单应用。

【题目描述】

已知单链表结点定义如下，实现以下功能：

```
structLinkNode{  LinkNode* next;  int data; }
```

(1) 根据输入的数据创建单链表。

(2) 删除指定位置的结点。

(3) 在指定的位置插入结点。

(4) 遍历单链表。

【输入】

输入 C 表示创建单链表，输入 I 表示插入结点，输入 D 表示删除结点。

【输出】

输出变化后的单链表。

【样例输入】

C 10

1 2 3 4 5 6 7 8 9 10

I 3 20

D 8

【样例输出】

1 2 20 3 4 5 6 8 9 10

样例说明：首先创建了一个包含 1 2 3 4 5 6 7 8 9 10 共 10 个结点的单链表，然后在第 3 个位置插入 20，变为 1 2 20 3 4 5 6 7 8 9 10，最后删除第 8 个结点，结果为 1 2 20 3 4 5 6 8 9 10。

第3章 栈和队列

栈是一种常用的数据结构，广泛应用在各种软件系统中。从数据结构角度看，栈是一种操作受限制的特殊线性表，其特殊性在于限制插入和删除等运算的位置。与栈一样，队列也是一种操作受限制的特殊线性表，其特殊性同样在于限制插入和删除等运算的位置。栈的运算遵循"后进先出"(last in first out，LIFO)的原则，而队列的运算遵循"先进先出"的原则。

3.1 栈

3.1.1 栈的定义

栈是限定仅在表头进行插入和删除操作的特殊的线性表。通常将表中允许插入与删除操作的一端称为栈顶，另一端称为栈底，不含任何元素的栈称为空栈。栈的插入操作被形象地称为进栈或入栈，删除操作称为出栈或退栈。

栈就像叠盘子，洗碗工将洗净的盘子一个一个叠上去，厨师取盘子的时候自然是自顶向下取盘子盛菜(而不会从当中抽出一个盘子来用)，叠上的盘子以"后进先用"的方式被放置和使用。

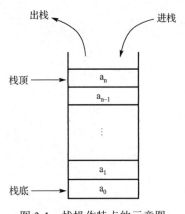

图 3-1 栈操作特点的示意图

栈的插入和删除运算仅在一端进行，而后进栈的元素必定先出栈。如图 3-1 所示，元素是以 $a_0,a_1,a_2,\cdots,a_{n-1},a_n$ 的顺序进栈的，而出栈的顺序则是 $a_n,a_{n-1},\cdots,a_2,a_1,a_0$。在任何时候，出栈的元素都是栈顶元素。换句话说，栈的修改是按"后进先出"的原则进行的，栈又称为后进先出表或 LIFO 表。所以，只要问题满足 LIFO 原则，就可以使用栈。

栈有两个最主要的操作：插入和删除。在栈顶进行插入一个元素的操作，称为压栈(push)，在栈顶进行删除的操作，称为出栈(pop)。除此之外，栈的操作还有清空一个栈、读取栈顶元素以及判断栈是否为空等操作。栈的基本操作具体如下。

(1)栈的初始化：初始化一个空栈。

(2)判栈空：判断当前栈是否为空栈。

(3)取栈顶元素：获取栈顶元素的值(不删除该栈顶元素)。

(4)进栈：向栈顶插入一个元素(压栈)。

(5)出栈：删除当前栈顶元素(出栈)。

3.1.2 栈的表示和实现

栈是一种特殊的线性表，因此凡是可以用来实现表的数据结构都可以用来实现栈。不过，由于栈只在表的一端操作，因此栈的操作相对表来说比较简单，一般用顺序栈和链栈两种方法实现栈。

1. 顺序栈

顺序栈用数组来实现，假设数组的长度为 maxlen，考虑到栈运算的特殊性，当用数组 elem[maxlen]来表示一个栈时，将栈底固定在数组的底部，即 elem[0]为最早入栈的元素，并让栈向数组下标增大的方向扩展。同时，可以指定一个指针 top 来指示当前栈顶元素所在的数组单元。在一般情况下，elem 中的元素序列 elem[top]，…，elem[0]就构成了一个栈，如图 3-2 所示。

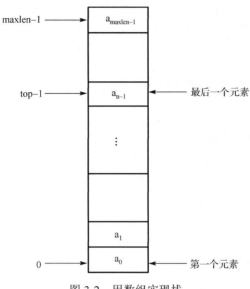

图 3-2　用数组实现栈

当 top=-1 时，表示这个栈为一个空栈。当 top= maxlen-1 时，表示这个栈为一个满栈。入栈时，栈顶指针 top 加 1；出栈时，栈顶指针 top 减 1。图 3-3 为栈的最大长度 maxlen 为 5 时的几种状态。

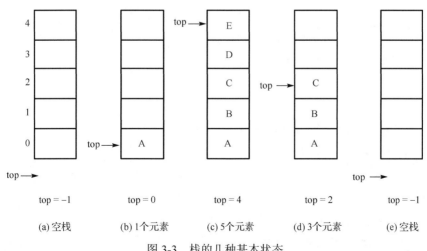

图 3-3　栈的几种基本状态

在图 3-3(a)中，栈中没有数据元素，这时栈为空，top=-1；在(b)中，栈中只含一个元素

A，实际上是在(a)的基础上一个元素入栈得到的状态，此时 top=0；在(c)中，在(b)的基础上又有四个元素 B、C、D、E 先后入栈，此时 top=4；在(d)中，通过执行两次出栈从而栈由(c)状态转为(d)状态，此时 top=2，C 成为栈顶元素。在(e)中，连续执行三次出栈后，栈由(d)状态转为(e)状态，此时栈又变成了空状态，top=-1。

利用上述结构，顺序栈的类型描述如下：

```
#define maxlen 1000
#define elemtype int
typedef struct Stack
{
    int top;
    elemtype  elem[maxlen];
}SqStack;
```

在上述存储结构上，栈的基本操作实现如下。

(1)栈的初始化。

```
void StackInit(SqStack *s)
{
    s->top = -1;
}
```

(2)判断是否为空栈。

```
int StackEmpty(SqStack*s)              /*判断是否为空栈的函数*/
{
    if(s->top == -1) return 1;
    else return 0;
}
```

(3)取栈顶元素。

```
int GetTop(SqStack*s)
{
    if(st->top==-1)
        return 0;
    else  return s->elem[s->top];
}
```

(4)进栈。

```
int Push(SqStack * s, elemtype e)
{
    if(s->top == maxlen-1)
        return 0;
    else
    {
        s->top++;
        s-> elem [s->top] = e;
        return 1;
    }
}
```

（5）出栈。

```
void Pop(SqStack * s, elemtype * e)
{
    if(s->top= =-1)
        return 0;
    else
    {
        *element = s->elem[s->top];
        s->top--;
        return 1;
    }
}
```

在一些问题中，经常需要同时定义多个同类型的栈。为了使每个栈在算法运行过程中不会溢出，要为每个栈顶设置一个较大的栈空间，但这样做往往会造成空间上的浪费，在算法运行的过程中，各个栈一般不会同时满，甚至有的栈是满的，而有的栈却是空的。因此，如果我们让多个栈共享同一个数组，动态地互相调剂，将会大大提高存储空间的利用率，并减少发生栈"上溢"的可能性。假设我们让程序中的两个栈共享一个数组 S[n]，利用栈底位置不变的特性，我们可以将两个栈的栈底分别设在数组 S 的两端，然后各自向中间伸展，如图 3-4 所示。这两个 S 栈的栈顶初值分别为–1 和 n。只有当两个栈的栈顶相遇时才可能发生"上溢"。由于两个栈之间可以余缺互补，因此每个栈实际可用的最大空间往往大于 n/2。

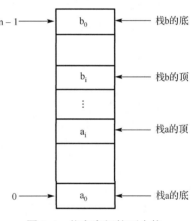

这种节约空间的方案在早期的操作系统设计中可以看到一些影子，在程序内存比较紧缺的时候可以使用该方案，如嵌入式操作系统的应用程序。

2. 链栈

当在算法的实现中需要用到多个栈时，可以考虑用链表结构作为栈的存储结构。这种采用链表作为存储结构实现的栈也称为链栈，如图 3-5 所示。由于链栈的各种基本操作是单链表基本操作的特例，但栈的插入和删除操作只在表头进行，因此没有必要像单链表

图 3-4 共享空间的两个栈

那样设置一个表头单元，而且使用链式存储的栈可以在程序运行过程中逐渐增大栈的空间，这样更有利于节约内存。采用链栈不必预先估计栈的最大容量，只要系统有可用空间，链栈就不会出现溢出。但对于链栈，在使用完毕时，应该释放其空间。

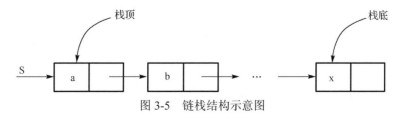

图 3-5 链栈结构示意图

链栈的类型说明如下：

```
#define elemtype int                    /*可以定义任意类型的栈结构*/
typedefstruct Snode
{
    elemtype data;                       /*这里的elemtype泛指任意可能的数据类型*/
    struct Snode * next;
}LinkStack;
```

链栈的操作是链表操作的特例，插入和删除操作只能在表头进行。

(1)链栈的插入(进栈)。

```
void Push(LinkStack  * &Ls, elemtype e)    /*Ls 为引用型参数*/
{
    LinkStack   *p;
    p=(LinkStack*) malloc (sizeof(LinkStack));
    p->data=e;                               /*创建结点*p用来存放 e*/
    p->next=Ls;                              /*插入*p 结点作为栈顶结点*/
    Ls=p;
}
```

(2)链栈的删除(出栈)。

```
int Pop(LinkStack  * &Ls, elemtype &e) /*Ls 为引用型参数*/
{
    LinkStack   *p;
    if(Ls==NULL)                           /*栈空*/
      return 0;
    else {
        p=Ls;                              /*p 指向栈顶元素*/
        e=p->data;                         /*取栈顶元素*/
        Ls=p->next;                        /*删除结点 p*/
        free(p);                           /*释放结点 p 所占用的空间*/
        return(1);
        }
}
```

3.1.3　栈的应用——进制转换

在实际应用中，由于很多算法都具有"后进先出"的特点，因此在很多场合中都可以用到栈。利用栈将十进制数转换为二进制数，这一问题可以很容易地扩展到其他进制的转换。

将十进制 N 转换为 R 进制，其转换方法为辗转相除法。以 N=150、R=16 为例，转换方法如图 3-6 所示。

所以，$(150)_{10}=(96)_{16}$。

可以看出，所转换的十六进制是按低位到高位的顺序产生的，而通常的输出是从高位到低位的，恰好与计算过程相反，因此可以使用栈来实现。算法思想如下。

当 N>0 时，重复(1)、(2)。

(1)若 N 不等于 0，则将 N%R 压栈，执行步骤(2)；若 N 等于 0，将栈 S 的内容依次出栈，算法结束。

N	N/16(整除)	N%16(求余)		低
150	9	6	↑	
9	0	9		高

图 3-6　进制转换

(2) 用 N/R 代替 N。

下面的程序将任意输入的正整数转化为其十六进制形式输出，采用上述算法，具体实现如下：

```c
#include <stdio.h>
#include <stdlib.h>
#include <string.h>

#define RUN 1
#define EXIT 0
#define FALSE 0
#define DONE 1

#define maxlen 1000
#define elemtype int

typedef struct Stack
{
    int top;
    elemtype elem[maxlen];
} SqStack;      /*栈结点类型*/

int StackInit(SqStack *s)
{
/*初始化顶数据位置*/
    s->top = -1;
    return DONE;
}

int StackEmpty(SqStack *s)
{
    if (s->top == -1) return DONE;
    else return FALSE;
}

int GetTop(SqStack *s, elemtype *e)
{
    if (StackEmpty(s)) return FALSE;
    *e = s->elem[s->top];
    return DONE;
```

```
}

int Push(SqStack *s, elemtype e)
{
    if (s->top == maxlen - 1)
        return FALSE;
    else
    {
        s->top++;
        s->elem[s->top] = e;
        return DONE;
    }
}

int Pop(SqStack *s, elemtype *e)
{
    if (StackEmpty(s)) return FALSE;
    else
    {
        *e = s->elem[s->top];
        s->top--;
        return DONE;
    }
}

int main( )
{
    SqStack s;
    int data, i;
    StackInit(&s);
    /*1.获取十进制数*/
    printf("请输入待转为十六进制的十进制数：\n");
    scanf ("%d", &data);
    while (getchar( ) != '\n');    /*清空输入流缓冲区的回车字符*/
    /*2.计算十六进制各位数字*/
    while (1)
    {
        if (data / 16 == 0)
        {
            Push(&s, data % 16);
            break;
        }
        Push(&s, data % 16);
        data = data / 16;
    }
    /*3.输出十六进制数*/
    printf("\n 转换为十六进制数为：    ");
```

```
    for (i = s.top; i >= 0; i--)
    {
        Pop(&s, &data);
        if (data > 9)
            printf("%c", 55 + data);
        else
            printf("%c", 48 + data);
    }
    printf("\n");
    return 0;

}
```

程序运行结果如图 3-7 所示。

图 3-7   进制转换结果

3.2   递   归

3.2.1   递归的定义

你往镜子前面一站，镜子里面就有一个你的像。但你试过两面镜子一起照吗？如果 A、B 两面镜子相互面对面放着，你往中间一站，两面镜子里都有你的千百个"化身"。为什么会有这么奇妙的现象呢？原来，A 镜子里有 B 镜子的像，B 镜子里也有 A 镜子的像，这样反反复复，就会产生一连串的"像中像"，这是一种递归现象。

在数学与计算机科学中，递归是指在定义自身的同时又出现了对自身的直接或间接的调用。现实中，许多问题具有固有的递归特性。递归函数是指一个直接调用自己或通过一系列语句间接调用自己的函数，例如，阶乘的定义为式(3-1)：

$$n! = \begin{cases} 1 & \text{当} n = 0 \text{时} \\ n \cdot (n-1) \cdots 1 & \text{当} n > 0 \text{时} \end{cases} \tag{3-1}$$

阶乘的定义也可以写成式(3-2)：

$$n! = \begin{cases} 1 & \text{当} n = 0 \text{时} \\ n \cdot (n-1)! & \text{当} n > 0 \text{时} \end{cases} \tag{3-2}$$

这种函数定义的方法是用阶乘函数自己本身定义了阶乘函数，称为递归函数。而递归的基本思想是把一个不能或不好解决的大问题转化为一个或几个小问题，再把这些小问题进一步分解成更小的小问题，直至每个小问题都可以直接解决。

3.2.2　递归的调用

【例 3.1】阶乘函数如式(3-2)所示。

这个定义是递归的，这是因为 n!用(n–1)!来定义，要定义(n–1)!又必须定义(n–2)!，…，当 n=0 或 n=1 时，n!定义为 1。根据该定义很自然地写出它的算法：

```
int fac(int n)
{
    if(n==0||n==1) return(1);
    else return(n*fac(n-1));
}
```

从 fac 函数可以看出，递归函数中有一个语句就是递归的出口，另外一个语句就是递归自身调用自身的语句，对于 fac 函数，它原来的规模由 n 降到 n–1，它的规模就缩小了。可见，在递归函数中必须有：递归结束条件与递归调用语句。

函数的递归调用可以说是"你中有我，我中有你"，4 阶 fac 函数递归调用执行过程模拟图如图 3-8 所示。

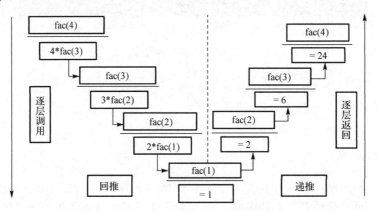

图 3-8　4 阶 fac 函数递归调用执行过程模拟图

阶乘递归函数的实现程序如下，实现效果图如图 3-9 所示。

```
#include <stdio.h>

int fac(int n)
{   int f;
    if(n<0)  printf("n<0,数据错误!");
     else if(n==0||n==1)  f=1;
        else f=fac(n-1)*n;
    return(f);
}
main( )
{   int n, y;
```

```
    printf("请输入一个整数: \n");
    scanf("%d",&n);
    y=fac(n);
    printf("%d! =%d",n,y);
}
```

图 3-9　fac 函数实现效果图

【例 3.2】第 5 个人的年龄比第 4 个人的年龄大 2 岁，第 4 个人的年龄比第 3 个人的年龄大 2 岁，第 3 个人的年龄比第 2 个人的年龄大 2 岁，第 2 个人的年龄比第 1 个人的年龄大 2 岁，第 1 个人的年龄为 10 岁。

分析：每一个人的年龄都比其前 1 个人的年龄大 2 岁，即

$$age(5) = age(4) + 2$$
$$age(4) = age(3) + 2$$
$$age(3) = age(2) + 2$$
$$age(2) = age(1) + 2$$
$$age(1) = 10$$

可以看到，当 n>1 时，求第 n 个人的年龄的公式是相同的。因此可以用式(3-3)表示上述关系。

$$age(n) = \begin{cases} 10 & 当n=1时 \\ age(n-1)+2 & 当n>1时 \end{cases} \tag{3-3}$$

一个递归的问题可以分为"回推"和"递推"两个阶段。要经历许多步才能求出最后的值。显而易见，如果要求递归过程不是无限制地进行下去，必须具有一个结束递归过程的条件。例如，age(1) = 10，就是使递归结束的条件。其实现程序如下，实现结果如图 3-10 所示，递归调用过程如图 3-11 所示。

```
#include <stdio.h>

int age(int n)
{   int c;
    if(n==1) c=10;
        else  c=age(n-1)+2;
    return(c);
}
main()
{
    printf("第 5 个人的年龄:%d 岁",age(5));
}
```

图 3-10 第 5 个人的年龄

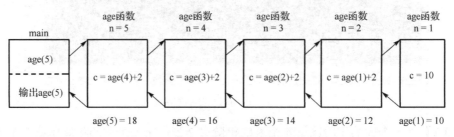

图 3-11 第 5 个人年龄的递归调用过程

【例 3.3】19 世纪欧洲出现了一个称为"汉诺塔"的游戏,该游戏表示 Brahma 寺庙地下通道中的一个任务(毫无疑问是伪造的)。一个牧师得到一个镶嵌着三根钻石针的黄铜平台。第一根针上堆积着 64 个金圆盘,每一个金圆盘比它下面的金圆盘稍微小一些。牧师被赋予一项任务,将所有的金圆盘从第一根针移动到第三根针,遵从的规则是:每一次只能移动一个金圆盘,移动过程中可以借助第二根针,金圆盘不能放在比它小的金圆盘之上。牧师还被告知当完成这 64 个金圆盘的移动之后,将昭示着世界末日的到来。

根据问题的描述,如图 3-12 所示,假设三根针从左到右分别命名为 A、B 和 C,在针 A 上插有 n 个直径大小各不相同、从小到大编号为 $1,2,\cdots,n$ 的金圆盘,现需要按要求将 A 针上的 n 个金圆盘移至 C 针上并仍按同样顺序叠排,而金圆盘移动时必须遵循下列原则:

(1)每次只能移动一个金圆盘。

(2)金圆盘可以插在 A、B 和 C 中的任何一根针上。

(3)任何时刻都不能将一个较大的金圆盘压在较小的金圆盘之上。

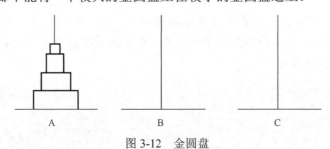

图 3-12 金圆盘

那么如何实现金圆盘的移动操作呢?当 n=1 时,问题比较简单,只要将编号为 1 的金圆盘从针 A 直接移动到针 C 上即可;当 n>1 时,需利用针 B 作为辅助针,若能设法将压在编号为 n 的金圆盘上的 n−1 个金圆盘从针 A 移至针 B 上,则可先将编号为 n 的金圆盘从针 A 移至针 C 上,然后再将针 B 上的 n−1 个金圆盘移至针 C 上。而如何将 n−1 个金圆盘从一根针移至另一根针上的问题是一个和原问题具有相同特征属性的问题,因此可以用同样方法求解。移动的步骤和移动的次数如下。

（1）当 n=1 时。

第 1 次　1 号金圆盘从 A 移动到 C　（移动次数：1 次）

（2）当 n=2 时。

第 1 次　1 号金圆盘从 A 移动到 B

第 2 次　2 号金圆盘从 A 移动到 C

第 3 次　1 号金圆盘从 B 移动到 C　（移动次数：3 次）

（3）当 n=3 时。

第 1 次　1 号金圆盘从 A 移动到 C

第 2 次　2 号金圆盘从 A 移动到 B

第 3 次　1 号金圆盘从 C 移动到 B

第 4 次　3 号金圆盘从 A 移动到 C

第 5 次　1 号金圆盘从 B 移动到 A

第 6 次　2 号金圆盘从 B 移动到 C

第 7 次　1 号金圆盘从 A 移动到 C　（移动次数：7 次）

不难发现规律：1 个金圆盘的移动次数：2 的 1 次方减 1

2 个金圆盘的移动次数：2 的 2 次方减 1

3 个金圆盘的移动次数：2 的 3 次方减 1

⋮

n 个金圆盘的移动次数：2 的 n 次方减 1

因此，n 个金圆盘的移动次数为：2^n-1。3 个金圆盘移动的过程如图 3-13 所示。

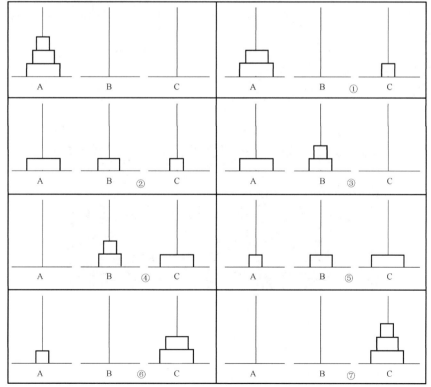

图 3-13　3 个金圆盘移动的过程

由上述汉诺塔问题的求解算法可得求解 n 阶汉诺塔问题的程序如下，运行结果如图 3-14 所示，递归调用过程如图 3-15 所示。

```c
#include<stdio.h>
int k=0; /*全局变量，搬动次数*/
void Move(char x,int n,char z)
{ /* 第 n 个金圆盘从塔座针 x 搬到塔座针 z */
    printf("第%d次：将%d号金圆盘从%c移到%c\n",++k,n,x,z);
}
void Hanoi(int n,char A,char B,char C)
{
/*将塔座针 A 上按直径由小到大且自上而下编号为 1 至 n 的 n 个金圆盘*/
  /* 按规则搬到塔座针 C 上。B 可用作辅助塔座针*/
  if(n==1) // （递归出口）
    Move(A,1,C); /*将编号为 1 的金圆盘从 A 移到 C*/
  else
  {
    Hanoi(n-1,A,C,B);
    /*将 A 上编号为 1 至 n-1 的金圆盘移到 B，C 作辅助塔座针*/
    Move(A,n,C);     /*将编号为 n 的金圆盘从 A 移到 C*/
    Hanoi(n-1,B,A,C);
    /*将 B 上编号为 1 至 n-1 的金圆盘移到 C，A 作辅助塔座针*/
  }
}
void main()
{
  int n;
  printf("3个塔座针为A、B、C，金圆盘最初在针A，借助针B移到针C! \n请输入金圆盘数：");
  scanf("%d",&n);
  Hanoi(n,'A','B','C');
}
```

图 3-14　3 个金圆盘移动过程的实现

通过以上递归问题的调用过程可知：

（1）从技术的角度来看，递归就是嵌套函数。

（2）从算法的角度来看，递归算法解决问题的思路是把规模较大的问题转化为性质相同规模较小的问题，一直转化下去，因为问题的难易度通常与其规模相关，当问题的规模小到一定程度时，很容易得到解，规模小的问题有解了，再利用这个解得到规模稍大的问题的解，一直回归直到得到原问题的解。

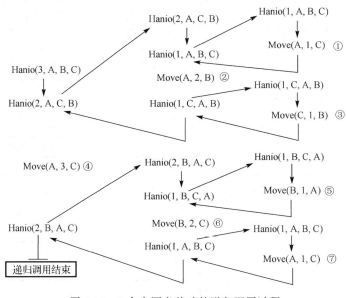

图 3-15　3 个金圆盘移动的递归调用过程

3.2.3　栈与递归

1. 递归调用的实现

在程序设计中递归的实现是栈的又一个重要应用。对于算法或程序中的函数，当其函数体或该函数调用的函数体内出现它的函数名时，即调用了函数本身，这个函数就是一个递归函数。

一个递归函数的执行过程实际上就是函数的嵌套调用过程，只是这里调用函数和被调用函数都是同一个函数。因此递归调用仍然遵循嵌套调用的基本原则，即"先调用后返回"。在调用中，为了区分不同调用时的同一个函数，必须搞清递归函数执行时的"层次"，即进入的次序。假设第一次进行调用的函数为第 0 层的函数，则进入第一次被调用的函数为进入第 1 层函数，从第 i 层递归调用本函数为进入第 i+1 层，等等。反之，退出第 i 层递归应该返回第 i−1 层。为了保证递归过程正确执行，系统应设立一个栈，作为整个过程运行期间使用的数据存储区。可以把每一层递归调用所需信息(包括所有的实参、所有的局部变量和上一层的返回地址)构成一个"记录"。每进入一层递归，就产生一个新的"记录"——压栈；每退出一层递归，就从栈顶弹出一个"记录"。这样当前执行层的"记录"总在栈顶，当递归过程结束时栈恢复成空栈。图 3-16 为求 4!时递归工作栈的变化过程。

当递归函数调用时，应按照"先调用后返回"的原则处理调用过程，因此递归函数之间的信息传递和控制转移必须通过栈来实现。系统将整个程序运行时所需的数据空间安排在一个栈中，每当调用一个函数时，就为它在栈顶分配一个存储区，而每当从一个函数退出时，就释放它的存储区。可以看出，当前正在运行的函数的数据区必在栈顶。

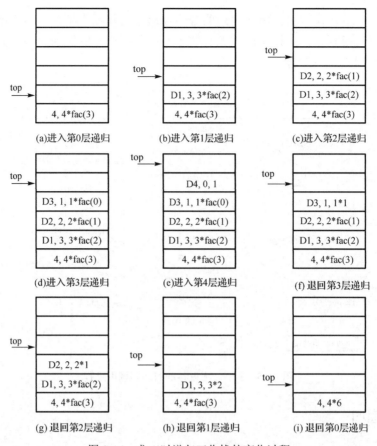

图 3-16 求 4!时递归工作栈的变化过程

2. 递归到非递归的转换

递归算法是一种分而治之、把复杂问题分解为简单问题的求解问题方法，在求解某些复杂问题时，递归算法是有效的。但是递归算法的时间效率低。因此，在求解某些问题时，我们希望用递归算法分析问题，用非递归算法求解具体问题。

【例 3.4】阶乘函数如式(3-2)所示。

非递归算法如下：

```
int Fac(int n)
{
    int i, Fac=1;
    for(i=1;i<=n;i++)
        Fac=Fac*i;
    return Fac;
}
```

【例 3.5】斐波那契数列如式(3-4)所示。

$$\text{Fib(n)} = \begin{cases} 0, & n = 0 \\ 1, & n = 1 \\ \text{Fib}(n-1) + \text{Fib}(n-2), & n \geqslant 2 \end{cases} \tag{3-4}$$

斐波那契数列 n=5 的递归算法调用过程如图 3-17 所示。

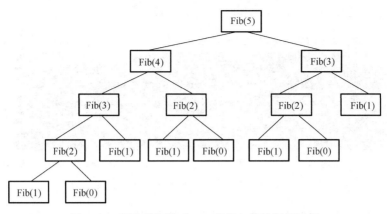

图 3-17　斐波那契数列 n=5 的递归算法调用过程

斐波那契数列的递归算法与非递归算法实现过程如下，实现结果如图 3-18 所示。

```c
#include <stdio.h>
int Fib(int n)      /*递归算法*/
{
    if(n==0||n==1) return n;
        else  return Fib(n-1)+Fib(n-2);
}

int fib(int n)      /*非递归算法*/
{
    int i,f[10000]={0,1};
    for(i=2;i<=n;i++)
        f[i]=f[i-1]+f[i-2];
    return f[n];
}

int main()
{
    int n,recursion,nonrecursive;
    printf("请输入 n:\n");
    scanf("%d",&n);
    recursion=Fib(n);
    nonrecursive=fib(n);
    printf("递归调用结果: the %d Fib is %d\n",n,recursion);
    printf("非递归调用结果: the %d fib is %d\n",n,nonrecursive);
    return 0;
}
```

在递归算法中，为了计算 Fib(5)，需要先计算 Fib(4) 和 Fib(3)；而计算 Fib(4) 又需要计算 Fib(3)（再次计算）和 Fib(2)，……由图 3-18 可知，为了计算 Fib(5)，需要计算 1 次 Fib(4)、2 次 Fib(3)、3 次 Fib(2)、5 次 Fib(1)、3 次 Fib(0)，再加上 1 次 Fib(5)，所有的递归调用次数达到 15 次。在计算第 n 项的斐波那契数列时，必须首先计算第 n−1 项和第 n−2 项的斐波那那契数列，而某次递归计算得出的斐波那契数列，如 Fib(n–1)、Fib(n–2)等无法保存，下一次用到时还需要重新递归计算，因此其时间复杂度为 $O(2^n)$。

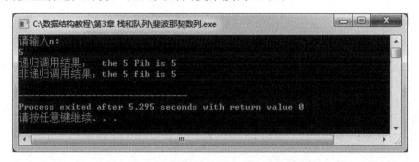

图 3-18　斐波那契数列 n=5 的调用结果

而在非递归算法种，循环结构的 fib(n)算法在计算第 n 项的斐波那契数列时保存了当前已经计算得到的第 n–1 项和第 n–2 项的斐波那契数列，因此其时间复杂度为 $O(n)$。

3.3　队　　列

3.3.1　队列的定义

队列是另一种特殊的线性表，它的删除操作只在表头(称为队头)进行，插入操作只在表尾(称为队尾)进行。队列的修改是按先进先出(first in first out，FIFO)的原则进行的，所以队列又称为先进先出表，简称 FIFO 表。如图 3-19 所示，孩子们过独木桥，下桥的顺序和上桥的顺序相同，在这里独木桥就是一个队列。

图 3-19　孩子们过独木桥

假设队列为 $a_1,a_2,\cdots,a_n$，那么 a_1 就是队头元素，a_n 就是队尾元素。队列中的元素是按 $a_1,a_2,\cdots,a_n$ 的顺序进入的，退出队列也只能按照这个次序依次退出，就像我们日常生活中常见的排队秩序一样。也就是说，只有在 a_1 离开队列之后，a_2 才能退出队列，只有在 $a_1,a_2,\cdots,a_{n-1}$ 都离开队列之后，a_n 才能退出队列。图 3-20 是队列的示意图。

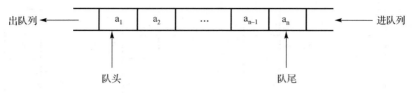

图 3-20　队列的先进先出示意图

队列在程序设计中也经常出现。在火车售票窗口，买车票的人排起了长队，这就是一个"队列"。先排队的人先买到票，这就是"先进先出"原则。另外一个典型的例子就是 CPU 资源的竞争问题。在具有多个终端的计算机系统中，有多个用户分别通过各自终端向操作系统提出使用 CPU 的请求，使 CPU 各自运行自己的程序。操作系统按照每个请求在时间上的先后顺序，将其排成一个队列，每次把 CPU 分配给队头用户使用，当相应的程序运行结束时，令其出队，再把 CPU 分配给新的队头用户，直到所有用户任务处理完毕。队列的基本操作如下。

(1) 队列的初始化：初始化一个空队列。

(2) 判断队列是否为空队列。

(3) 判断队列是否为满队列。

(4) 进队列：向队尾插入一个元素（入队）。

(5) 出队列：删除当前队头元素（出队）。

3.3.2　队列的表示和实现

队列是一种特殊的线性表，因此凡是可以用来实现表的数据结构都可以用来实现队列。和栈一样，队列也有两种实现方式。不过，队列中元素的个数通常不固定，因此常用数组和链表两种方法实现队列。

1. 顺序队列

与栈的顺序存储类似，队列的顺序结构是用一组连续的存储单元依次存放队列中的元素的。在 C 语言中可用一维数组表示，同时设两个指针分别指向队头和队尾。顺序队列可描述如下：

```
#define maxsize 30              /*队列的容量*/
typedef struct
{
    elemtype elem[maxsize];     /*元素数组*/
    int front,rear;             /*队头指针和队尾指针*/
}SqQueue;
```

为了描述方便，可以约定初始化创建空队列时，令 front=rear=0。当新元素入队时，直接将其送入尾指针 rear 所指的单元，然后尾指针增 1；当元素出队时，直接取出队头指针 front 所指的元素，然后头指针增 1，如图 3-21 所示。因此，在非空队列中，头指针始终指向队头元素，而尾指针始终指向队尾元素的下一个位置。

在上述存储结构上，顺序队列的基本操作实现如下。

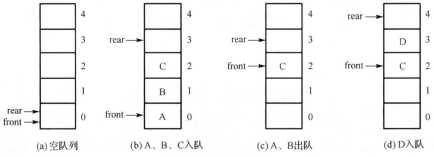

(a) 空队列   (b) A、B、C入队   (c) A、B出队   (d) D入队

图 3-21 队列的操作

(1)队列的初始化。

```
void QueueInit(SqQueue *q)
{
    q->front=q->rear=0 ;
}
```

(2)判断队列是否为空队列。

```
int QueueEmpty(SqQueue*q)
{
    if(q->front==q->rear)    return 1;
        else return 0;
}
```

(3)判断队列是否为满队列。

```
int QueueFull(SqQueue *q)
{
    if (q->rear== maxsize)
        return 1;
    else return 0;
}
```

(4)进队列。

```
int EnQueue(SqQueue *q, elemtype x)      /*进队列*/
{
    if (QueueFull(q))                    /*队列已经满了*/
        return 0;
    q->elem[q->rear] = x;
    return 1;                            /*操作成功*/
}
```

(5)出队列。

```
int DeQueue(SqQueue *q, elemtype *x)     /*出队列*/
{
    if (QueueEmpty(q))                   /*队列为空*/
        return 0;
    *x=q->elem[q->front];
    q->front++;                          /*重新设置队头指针*/
    return 1;                            /*操作成功*/
}
```

2. 顺序循环队列

在图 3-21 中，当 rear= =maxsize 时，可以认为队满。但实际从图 3-21(d)中可以看出，这不是真的队满。随着图 3-21(c)中 A、B 的出队，数组前面出现了一些空单元，由于只能在队尾进行插入，图 3-21(c)中的空单元无法继续使用，这就出现了这种假溢出现象。这是由"队尾入队、队头出队"这种受限制的操作造成的。

为了能够充分地使用数组中的存储空间，把数组的前端和后端连接起来，形成一个环形的表，即把存储队列元素的表从逻辑上看成一个环，形成循环队列，如图 3-22 所示，循环队列的首尾相接，当队头指针 front 和队尾指针 rear 进到 maxsize−1 后，再前进一个位置就自动到 0。还可以利用除法取余的运算(%)来实现。

队头指针进 1：front=(front+1)%maxsize。

队尾指针进 1：rear=(rear+1)%maxsize。

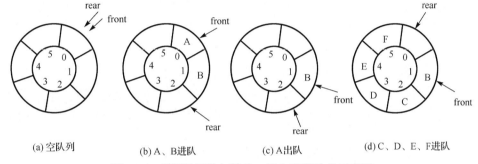

(a) 空队列   (b) A、B进队   (c) A出队   (d) C、D、E、F进队

图 3-22 循环队列的初始化、插入和删除的示意图

循环队列的队头指针和队尾指针初始化时都置为 0：front=rear=0。在队尾插入新元素和删除队头元素时，两个指针都按顺时针方向进 1。当它们进到 maxsize−1 时，并不表示表的终结，只要有需要，利用%(取模或取余)运算可以前进到数组的 0 号位置。循环队列的基本操作如下。

(1)判断循环队列是否为空。

```
int QueueEmpty(SqQueue *q)
{
    if(q->front == q->rear)      return 1;
    else                         return 0;
}
```

(2)判断循环队列是否满。

```
int QueueFull(SqQueue *q)
{
    if((q->rear+1)%maxsize==q->front)return 1;
    else        return 0;
}
```

(3)循环队列的入队操作。

```
int EnQueue(SqQueue *q,elemtype x)
{
```

```
    if((q->rear+1)%maxsize==q->front)        /*队列已经满了*/
        return 0;
    q->data[q->rear]=x;
    q->rear=(q->rear+1)%maxsize;             /*重新设置队尾指针*/
    return 1;                                /*操作成功*/
}
```

(4)循环队列的出队操作。

```
int DeQueue(SqQueue *q,elemtype x)
{
    if(q->front==q->rear)                    /*队列为空*/
        return 0;
    x=q->data[q->front];
    q->front=(q->front+1)%maxsize;           /*重新设置队头指针*/
    return 1;                                /*操作成功*/
}
```

(5)求循环队列的元素个数。

```
int Queuesize(SqQueue *q)
{
    return (q->rear-q->front+maxsize)%maxsize;
}
```

可以看出,循环队列的各基本运算均与队列中元素的个数无关,即与问题规模无关,其出队与入队运算也不需要移动元素。所以,循环队列基本操作的时间复杂度均为 O(1)。

3. 链队列

队列的链式存储结构其实就是线性表的单链表,只不过它只能队尾进而队头出,我们把它简称为链队列。为了操作上的方便,我们将队头指针指向链队列的头结点,而队尾指针指向终端结点,如图 3-23 所示。

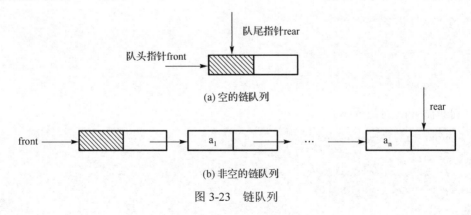

(a) 空的链队列

(b) 非空的链队列

图 3-23 链队列

在这样的链队列中,只允许在单链表的表头进行删除操作(出队)和在单链表的表尾进行插入操作(入队),因此需要使用队头指针 front 和队尾指针 rear 两个指针,用 front 指向队首结点,用 rear 指向队尾结点。链队列的类型结构描述如下:

```
typedef structnode                    /*链队列结点定义*/
{
    elemtype data;                    /*结点数据*/
    structnode *next;                 /*指针域*/
} LinkQueueNode;

typedef struct                        /*链队列定义*/
{
    LinkQueueNode *front;             /*队头指针*/
    LinkQueueNode *rear;              /*队尾指针*/
} LinkQueue;
```

链队列的基本操作如下。

(1) 初始化操作。

```
int QueueInit(LinkQueue *q)
{ /* 将 q 初始化为一个空的链队列 */
  q->front=(LinkQueueNode*)malloc(sizeof(LinkQueueNode));
  if(q->front!=NULL)
      {
          q->rear=q->front;
          q->front->next=NULL;
          return(1);
      }
    else    return(0);                /* 溢出！*/
}
```

(2) 入队操作。

```
int EnQueue(LinkQueue *q, elemtype x)
{ /* 将数据元素 x 插入队列 q 中 */
  LinkQueueNode *newnode;
  newnode =(LinkQueueNode*)malloc(sizeof(LinkQueueNode));
  if(newnode!=NULL)
    {
      newnode->data=x;
      newnode->next=NULL;
      q->rear->next=newnode;
      q->rear=newnode;
      return(1);
    }
  else  return(0);                    /* 溢出！*/
}
```

(3) 出队操作。

```
int DeQueue(LinkQueue *q, elemtype *x)
{ /* 将队列 q 的队头元素出队，并存放到 x 所指的存储空间中 */
```

```
    LinkQueueNode * p;
    if(q->front==q->rear)
        return(0);
    p=q->front->next;
    q->front->next=p->next;        /* 队头元素 p 出队*/
    if(q->rear==p)                 /*如果队中只有一个元素 p，则 p 出队后成为空队*/
        q->rear=q->front;
    *x=p->data;
    free(p);                       /* 释放存储空间 */
    return(1);
}
```

可以看出，链队列实际上是运算受限制的链表，其插入和删除运算在表的两端进行，链队列的基本操作与长度无关，因此时间复杂度为 O(1)。链队列的空间性能与链表的空间性能相同。

对于循环队列和链队列，可以从以下两方面进行比较。

(1)时间复杂度方面。

它们的基本操作都是常数时间，即都为 O(1)，不过循环队列是事先申请好空间，使用期间不释放，而对于链队列，每次申请和释放结点也会存在一些时间开销，如果入队出队频繁，则两者还是有细微差异的。

(2)空间复杂度方面。

循环队列必须有一个固定的长度，所以就有了存储元素个数和空间浪费的问题。而链队列不存在这个问题，尽管它需要一个指针域，会产生一些空间上的开销，但也可以接受。所以在空间上，链队列更加灵活。

总的来说，在可以确定队列长度最大值的情况下，建议用循环队列，如果无法预估队列的长度，则用链队列。

3.3.3 队列的应用

在实际问题中，很多应用具有"先进先出"的特性，如现实生活中我们去商店购物付款时、排队买票等，随处可见队列特征。

1. 打印杨辉三角形

(1)杨辉三角形问题描述。
杨辉三角形的图案如图 3-24 所示，利用队列打印杨辉三角形。

图 3-24 杨辉三角形

（2）打印杨辉三角形算法的描述。

由图 3-24 可以看出，杨辉三角形的特点是两个腰上的数字都为 1，其他位置上的数字是其上一行中与之相邻的两个整数之和。所以在打印过程中，第 i 行上的元素要由第 i-1 行中的元素来生成，因此可以利用循环队列来实现打印杨辉三角形的过程。在循环队列中依次存放第 i-1 行上的元素，然后逐个出队并打印，同时生成第 i 行元素并入队。

（3）打印杨辉三角形算法的实现。

由上述算法可得打印杨辉三角形的程序如下：

```
#include <stdio.h>
#include <stdlib.h>

#define FALSE 0
#define DONE 1

#define maxsize  100
#define elemtype int
/*自定义队列存储单元的类型为 elemtype，本例定义为 int*/

typedef struct
{
    elemtype elem[maxsize];              /*元素数组*/
    int front;
    int rear;                            /*队头指针和队尾指针*/
}SqQueue;

void QueueInit(SqQueue *q)
/*队列的初始化*/
{
    q->front = q->rear = 0;
}

int QueueEmpty(SqQueue *q)               /*判断队列是否为空*/
{
    if (q->front == q->rear) return DONE;
    return FALSE;
}

int QueueFull(SqQueue *q)
{
    if (q->rear == maxsize)
        return DONE;
    else return FALSE;
}

int EnQueue(SqQueue *q, elemtype x)       /*进队列*/
{
    if (QueueFull(q))                     /*队列已经满了*/
```

```c
        return FALSE;
    q->elem[q->rear] = x;
    q->rear++;                              /* 重新设置队尾指针 */
    return DONE;                            /*操作成功*/
}

int DeQueue(SqQueue *q, elemtype *x)        /*出队列*/
{
    if (QueueEmpty(q))                      /*队列为空*/
        return FALSE;
    *x=q->elem[q->front];
    q->front++;                             /*重新设置队头指针*/
    return DONE;                            /*操作成功*/
}

void YangHuiTriangle(int N)
{
    if (N < 1)
    {
        printf("invalid Num/n");
        return;
    }
    int i, n, temp, m, add;
    SqQueue Q;
    QueueInit(&Q);
    m = N;
    n = 1;

    while (N >= n)
    {
        for (i = --m; i; i--) printf("  ");  /*预留空格*/
        printf("  1 ");                      /*打印第 n 行的第一个元素*/
        EnQueue(&Q, 1);                      /*第 n 行的第一个元素入队*/
        if (n==1)
        {
            n++;
            printf("\n");
            continue;
        }
        DeQueue(&Q, &temp);
        add = temp;
        for (i = 2; i < n; i++)
        /*利用队中第 n-1 行元素产生第 n 行的中间 n-2 个元素并入队*/
        {
            DeQueue(&Q, &temp);
```

```
        add += temp;
        printf(" %2d ", add);                /*打印中间的元素*/
        EnQueue(&Q, add);
        add = temp;
    }
    printf(" 1\n");                           /*打印第 n 行的最后一个元素*/
    EnQueue(&Q, 1);                           /*第 n 行的最后一个元素入队*/
    n++;
    }
}

int main()
{
    int n = 0;
    printf("please input the number of line you want to put out :\n");
    scanf("%d", &n);
    YangHuiTriangle(n);
    system("pause");
}
```

当 n=8 时，程序运行结果如图 3-25 所示。

图 3-25　杨辉三角形程序运行结果图

2. 舞伴问题

(1)舞伴问题描述。

大学生在周末闲暇时间有时会选择跳舞来放松一下。假设在周末舞会上，男士和女士进入舞厅时，各自排成一队。跳舞开始时，依次从男队和女队的队头各出一人配成舞伴。若两队初始人数不相同，则较长的那一队中未配对者等待下一轮舞曲。要求编写程序实现模拟舞伴配对问题。

(2)舞伴问题算法的描述。

由舞伴问题描述可以看出，先入队的男士或女士亦先出队配成舞伴，因此该问题具有典型的"先进先出"特性，可以采用队列作为算法的数据结构。

假设男士和女士的记录存放在一个数组中作为输入，依次扫描该数组的各元素，并根据性别来决定是男士入队还是女士入队从而构造两个队列。然后，依次使两队当前队头元素出队来配成舞伴，直至某队列变空。此时，若某队仍有等待配对者，则输出该队列中等待者的人数及排在队头的等待者的名字,他(或她)将是下一轮舞曲开始时第一个可以获得舞伴的人。

(3)舞伴问题算法的实现。

由上述算法可得模拟舞伴配对问题的实现程序如下:

```c
#include <stdio.h>
#include <stdlib.h>
#define FALSE 0
#define DONE 1
#define maxsize  30
#define elemtype int
/*自定义队列存储单元的类型为 elemtype, 本例定义为 int*/

typedef struct
{
    elemtype elem[maxsize];          /*元素数组*/
    int front;
    int rear;                        /*队头指针和队尾指针*/
} SqQueue;

void QueueInit(SqQueue *q)
/*队列的初始化*/
{
    q->front = q->rear = 0;
}

int QueueEmpty(SqQueue *q)
/*判断队列是否为空*/
{
    if (q->front == q->rear) return DONE;
    return FALSE;
}

int QueueFull(SqQueue *q)
{
    if (q->rear == maxsize)
        return DONE;
    else  return FALSE;
}

int EnQueue(SqQueue *q, elemtype x)
/*进队列*/
{
    if (QueueFull(q))                /*队列已经满了*/
        return FALSE;
    q->elem[q->rear] = x;
    q->rear++;                       /* 重新设置队尾指针 */
```

```c
        return DONE;                          /*操作成功*/
}

int DeQueue(SqQueue *q, elemtype *x)
/*出队列*/
{
    if (QueueEmpty(q))                        /*队列为空*/
        return FALSE;
    *x = q->elem[q->front];
    q->front++;                               /*重新设置队头指针*/
    return DONE;                              /*操作成功*/
}

int main()
{
    SqQueue mQue, fQue;
    int i, m, n, nCount = 0;
    char ch, cSex[maxsize];

    QueueInit(&mQue);
    QueueInit(&fQue);

    printf("please input the dancer's gender :\n");
    printf("if Man,please input: M \n");
    printf("if Female,please input: F \n");
    printf("if Done,please input: X \n\n");
    printf("for the example: MMFFMX\n\n");

    do {
        scanf("%c", &ch);
        if (ch == 'X') break;
        if (ch != 'F' && ch != 'M')
        {
            printf("Invalid letter");
            continue;
        }
        cSex[nCount] = ch;
        nCount++;
    } while (1);                              /*获取人员数组*/

    for (i = 0; i < nCount; i++)
    {
        if (cSex[i] == 'M')
            EnQueue(&mQue, i + 1);
        else
            EnQueue(&fQue, i + 1);
```

```
    }                                             /*男女分别进队列*/

    printf("Begin dancing!\n");

    i = 1;
    while (!QueueEmpty(&mQue) && !QueueEmpty(&fQue)) {
        DeQueue(&mQue, &m);
        DeQueue(&fQue, &n);
        printf("number %d man and number %d female are number %d  pair
                of dancers.\n", m, n, i++);
    }                                            /*男女配对*/
    printf("\n");
    while (!QueueEmpty(&mQue))
    {
      DeQueue(&mQue, &m);
      printf("number %d man: NoT dancing this time, waiting for the next dance!
              \n", m);
    }                                            /*查找剩余男士*/
    printf("\n");
    while (!QueueEmpty(&fQue))
    {
      DeQueue(&fQue, &n);
      printf("number %d female: NoT dancing this time, waiting for the next
              dance\n", n);
    }                                            /*查找剩余女士*/
}
```

若输入：MMFFMX，程序运行结果如图 3-26 所示。

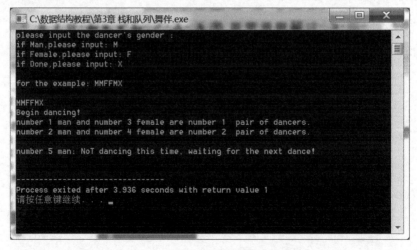

图 3-26　舞伴问题程序运行结果图

本　章　小　结

本章思维导图如图 3-27 所示。

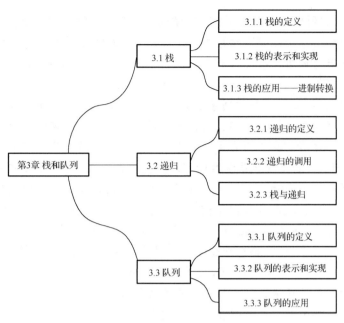

图 3-27　栈和队列思维导图

栈是一种运算受限制的特殊线性表，它仅允许在线性表的同一端进行插入和删除操作。队列也是一种运算受到限制的特殊线性表，它仅允许在线性表的一端进行插入操作，而在另一端进行删除操作。队列采用顺序存储结构时，为了解决假溢出问题，常设计成首尾相连的循环队列。

 小知识

数学家杨辉的故事

说到杨辉，大家肯定会想到耳熟能详的"杨辉三角"。而说起杨辉的这一成就，还得从偶然的一件小事说起。

一天，台州府的地方官杨辉出外巡游，路上，前面铜锣开道，后面衙役殿后，中间，大轿抬起，好不威风。走着走着，只见开道的铜锣停了下来，前面传来孩童的大声喊叫声，接着是衙役恶狠狠的训斥声。杨辉忙问怎么回事，差人来报："孩童不让过，说等他把题目算完后才让走，要不就绕道。"杨辉一看来了兴趣，连忙下轿抬步，来到前面。衙役急忙说："是不是把这孩童哄走？"杨辉摸着孩童头说："为何不让本官从此处经过？"孩童答道："不是不让经过，我是怕你们把我的算式踩掉，我又想不起来了。""什么算式？""就是把 1 到 9 的数字分三行排列，不论直着加，横着加，还是斜着加，结果都是等于 15。我们先生让我们下午一定要把这道题做好。我正算到关键之处。"杨辉连忙蹲下身，仔细地看那孩童的算式，觉得这个数字在哪见过，仔细一想，原来是西汉学者戴德编纂的《大戴礼记》书中所写的文章中提及的。杨辉和孩童俩人连忙一起算了起来，直到天已过午，俩人才舒了一口气，结果出来了，他们又验算了一下，觉得结果全是 15，这才站了起来。

孩童望着这位慈祥和善的地方官说："耽搁您的时间了，到我家吃饭吧！"杨辉一听，说："好，好，下午我也去见见你先生。"孩童望着杨辉，泪眼汪汪，杨辉心想，这里肯定有什么蹒跚，温和地问道："到底是怎么回事？"孩童这才一五一十把原因道出：原来这孩童并未上学，家中穷得连饭都吃不饱，哪有钱读书。而这孩童给地主家放牛，每到学生上学时，他就偷偷地躲在学生的窗下偷听，今天上午先生出了这道题，这孩童用心自学，终于把它解决了。杨辉听到此，感动万分，一个小小的孩童，竟有这番苦心，实在不易。便对孩童说："这是10两银子，你拿回家去吧。下午你到学校去，我在那儿等你。"下午，杨辉带着孩童找到先生，把这孩童的情况向先生说了一遍，又掏出银两，给孩童补了名额，孩童一家感激不尽。

自此，这孩童方才有了真正的先生。教书先生对杨辉的清廉为人非常敬佩，于是俩人谈论起数学。杨辉说道："方才我和孩童做的那道题好像是《大戴礼记》书中的？"那先生笑着说："是啊，《大戴礼记》虽然是一部记载各种礼仪制度的文集，但其中也包含着一定的数学知识。方才你说的题目，就是我给孩子们出的数学游戏题。"教书先生看到杨辉疑惑的神情，又说道："南北朝的甄鸾在《数术记遗》一书中就写过，九宫者，二四为肩，六八为足，左三右七，戴九履一，五居中央。"杨辉默念一遍，发现他说的正与上午他和孩童摆的数字一样，便问道："你可知道这个九宫图是如何造出来的？"教书先生也不知出处。

杨辉回到家中，反复琢磨，一有空闲就在桌上摆弄这些数字，终于发现了其中的规律。他把这条规律总结成四句话：九子斜排，上下对易，左右相更，四维挺出。就是说：一开始将九个数字从大到小斜排三行，然后将9和1对换，左边7和右边3对换，最后将位于四角的4、2、6、8分别向外移动，排成纵横三行，就构成了九宫图。

后来，杨辉又将散见于前人著作和流传于民间的有关这类问题加以整理，得到了"五五图"、"六六图"、"衍数图"、"易数图"、"九九图"和"百子图"等许多类似的图。杨辉把这些图总称为纵横图，并于1275年写进自己的数学著作《续古摘奇算法》一书中，并流传后世。

练 习 题

一、选择题

1. 对于栈操作数据的原则是（   ）。

    A．先进先出   B．后进先出   C．后进后出   D．不分顺序

2. 输入序列为 A、B、C，输出序列为 C、B、A 时，经过的栈操作为（   ）。

    A．push,pop,push,pop,push,pop   B．push,push,push,pop,pop,pop

    C．push,push,pop,pop,push,pop   D．push,pop,push,push,pop,pop

3. 一个队列的入队序列是 1、2、3、4，则队列输出序列是（   ）。

    A．1、2、3、4   B．4、3、2、1   C．1、4、3、2   D．3、2、4、1

4. 一个递归算法必须包括（   ）。

    A．递归部分   B．终止条件和迭代部分

    C．迭代部分   D．终止条件和递归部分

5. 假设以数组 A[m]存放循环队列的元素，其头、尾指针分别为 front 和 rear，则当前队列中的元素个数为（   ）。

    A．(rear−front+m)%m   B．rear−front+1

    C．(front−rear+m)%m   D．(rear−front)%m

二、填空题

1. _____是限定仅在表尾进行插入或删除操作的线性表。

2. 队列的插入操作在_____进行，删除操作在_____进行。

3. 主程序第一次调用递归函数称为外部调用，递归函数自己调用自己称为内部调用，它们都需要利用栈保存调用后的_____地址。

4. 一个栈的输入序列是：1,2,3，则不可能的栈输出序列是_____。

5. 顺序栈用 data[1...n]存储数据，栈顶指针是 top，则值为 x 的元素入栈的操作是_____。

三、应用题

已知一个循环队列如图 3-28 所示，front 是队头指针，rear 是队尾指针。进队列在队尾进行，出队列在队头进行。请画出下列操作每一步之后循环队列中的元素以及队头、队尾指针：

(1) EnQueue(A)。

(2) EnQueue(B)，EnQueue(C)。

(3) DeQueue( )。

(4) DeQueue( )。

(5) EnQueue(D)，EnQueue(E)。

注意：在图 3-28 中标出队列中的元素和两个指针的位置。

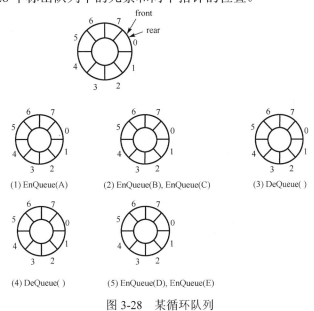

图 3-28　某循环队列

上机实验题

1. 括号匹配。

【题目描述】

给定任意一个表达式字符串，表达式包含圆括号、中括号、大括号，请判断该表达式中括号是否匹配。

输入包含一个字符串。

【输出】

输出 Yes(匹配)\ No(失配)。

【样例输入】

2+3*(4-5)/[8*(4+5)]

【样例输出】

Yes

2．水果多少钱一斤？

【题目描述】

Du 老师近几年是越来越胖，当他得知吃水果可以减肥后，他经常去买水果，Du 老师经常买三种水果：苹果、梨和葡萄，但是 Du 老师非常粗心，每次去买水果，都只说苹果几斤、梨几斤、葡萄几斤，然后直接付钱。他从来不知道这几种水果的单价，已知这几种水果的单价常年保持不变，且价格是正整数，且每种水果都至少买了 1 斤(1 斤=0.5kg)，如果 Du 老师提供给你 3 次买水果的斤数及总价，你能帮他算算这几种水果的单价吗？

【输入】

输入包括 3 行，每行 4 个正数(空格隔开)。4 个数的含义分别表示：苹果的斤数、梨的斤数、葡萄的斤数、总价(总价不超过 100 元)。

【输出】

输出包括 3 行：

第一行，苹果的单价。

第二行，梨的单价。

第三行，葡萄的单价。

【样例输入】

1 1 1 10

1 2 2 18

2 2 1 15

【样例输出】

2

3

5

3．最大公约数问题。

【题目描述】

试采用递归算法编写一个程序，求解最大公约数问题。在求两个正整数 m 和 n 的最大公约数时常常使用辗转相除法，反复计算直到余数为零。其递归定义如下：

$$GCD(m,n) = \begin{cases} m, & n = 0 \\ GCD(n, m\%n), & n > 0 \end{cases}$$

【输入】

输入两个正整数 m 和 n。

【输出】

输出 m 和 n 的最大公约数。

【样例输入】

m=724,n=344

【样例输出】

GCD(m,n) = 4

4．回文问题。

【题目描述】

利用顺序栈和队列实现一个栈和一个队列，并利用其判断一个字符串是否是回文。回文是指从前向后顺读和从后向前倒读都一样的字符串，如 a+b&b+a 等。

【输入】

输入一个字符串。

【输出】

判断是否是回文。

【样例输入】

（1）a+b&b+a

（2）a+b&b−a

【样例输出】

（1）输出：该字符串是回文（YES）

（2）输出：该字符串不是回文（NO）

第4章　字符串匹配

计算机在被发明起初的主要作用是做一些科学和工程的计算工作，也就是现在我们理解的计算器，只不过它比小小的计算器功能更强大、速度更快一些。后来发现，在计算机上做非数值处理的工作越来越多，使得人们不得不需要引入对字符的处理。于是就有了字符串的概念。本章主要介绍两种字符串的匹配算法：蛮力匹配和 KMP 算法。

4.1　概　　述

字符串匹配就是在一个比较长的字符串中查找子串的过程。例如，我们现在常用的搜索引擎如图 4-1 所示，当我们在文本框中输入"数据结构"时，它已经把我们想要的"数据结构与算法"列在了下面(联想词)，显然这里网站做了一个字符串查找匹配的工作。

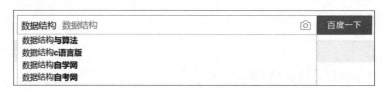

图 4-1　搜索引擎中的串匹配

现在我们就是来研究"串"这样的数据结构，先来看定义。

(1)串的定义。串(string)是由零个或多个字符组成的有限序列，又叫字符串。

一般记为 s = "$a_1,a_2,\cdots,a_n$"(n>0)，其中，s 是串的名称，用双引号(有些书中也用单引号)括起来的字符序列是串的值，注意双引号不属于串的内容。a_i(1≤i≤n)可以是字母、数字或其他字符，i 就是该字符在串中的位置。串中的字符数目 n 称为串的长度，定义中谈到"有限"是指长度 n 是一个有限的数值。零个字符的串称为空串(null string)，它的长度为零，可以直接用双引号""表示，也可以用希腊字母 Φ 来表示。序列是指串的相邻字符之间具有前驱和后继的关系。

(2)一些特别的字符串。

空格串：是只包含空格的串。注意它与空串的区别，空格串是有内容、有长度的，而且可以不止一个空格。

子串与主串：串中任意个数的连续字符组成的子序列称为该串的子串，相应地，包含子串的串称为主串。

子串在主串中的位置就是子串的第一个字符在主串中的序号。例如，在英语单词中，即使是 friend 也有个 end，即使是 believe 也有个 lie。这里的"end"和"lie"就是"friend"和"believe"这些单词字符串的子串。

(3)串的存储结构。

串的结构类似于线性表，只不过串的数据元素是字符，即串是由零个或多个字符组成的有限序列。

4.2 蛮 力 匹 配

对于文本程序来说，找出一个子串在文本中的位置是特别重要的，我们称那个子串为模式串(pattern)，然后我们称寻找的过程为模式匹配。

蛮力匹配的原理：从主串指定的起始位置字符开始和模式串第一个字符比较，如果相等，则继续比较下一个字符，如果不相等，则从主串的下一个字符开始和模式串的第一个字符比较，以此类推，直到模式串所有字符都匹配完成，则匹配成功，否则，匹配不成功。

代码实现如下：

```
int BruteForceSearch (char * s, char * t)
{
    int i=0;                        /*主串的下标*/
    int j=0;                        /*子串的下标*/
    while(s[i]!='\0' && t[j]!='\0')/*主串或者模式串遍历完成*/
    {
        if(s[i]==t[j])
/*如果主串和模式串对应位置的值相等，则比较后面的字符*/
        {
            ++i;
            ++j;
        }
        else
/*如果不相等，则模式串需要回溯到第一个字符，而主串则从下一个字符开始*/
        {
            i=i-j+1;
            j=0;
        }
    }
    if(t[j]=='\0')
/*如果循环是由于模式串遍历完而结束的，说明找到了对应子串的位置*/
    {
        return i-j;
    }
    else                /*否则，主串不包含模式串*/
    {
        return -1;
    }
}
```

考虑最坏的情况，对于长度为 m 的模式串和长度为 n 的主串，模式串前 m-1 项都是同样的字符而且主串的前 n-1 项也是和模式串一样的字符，例如，模式串为 000001，主串为 0000000000000000000000001，则对于这种情况，我们需要回溯 n-m+1 次，每次都要比较 m 次，所以最坏的时间复杂度为：$O((n-m+1)*m)$。

4.3　KMP 算法

KMP 算法是由 Knuth、Morris 和 Pratt 三个人同时发现的，所以取他们三个人名字中的首字母作为算法的名称，称其为 KMP 算法。它是一个很优秀的算法，通过对模式串的预处理，将时间复杂度减少到了线性的水平。

KMP 算法的核心是一个称为部分匹配表（partial match table）的数组。对于字符串 "abababca"，它的 PMT 如表 4-1 所示。

表 4-1　PMT

字符	a	b	a	b	a	b	c	a
下标	0	1	2	3	4	5	6	7
PMT 值	0	0	1	2	3	4	0	1

部分匹配表（PMT）中的值是字符串的前缀集合与后缀集合的交集中最长元素的长度。例如，对于 "aba"，它的前缀集合为 { "a"，"ab" }，后缀集合为 { "ba"，"a" }。两个集合的交集为 { "a" }，那么长度最长的元素就是字符串 "a" 了，长度为 1，所以对于 "aba" 而言，它在 PMT 中对应的值就是 1。再如，对于字符串 "ababa"，它的前缀集合为 { "a"，"ab"，"aba"，"abab" }，它的后缀集合为 { "baba"，"aba"，"ba"，"a" }，两个集合的交集为 { "a"，"aba" }，其中最长的元素为 "aba"，长度为 3，所以对于 "ababa" 而言，它在 PMT 中对应的值就是 3。也就是说，拿一个字符串的所有前缀和所有后缀进行比较，记录能够匹配的最大长度。

我们再来看如何使用这个表来加速字符串的查找，以及这样用的道理是什么。如图 4-2 所示，要在主字符串 "ababab... abca" 中查找模式字符串 "abababca"。如果在 j 处字符不匹配，那么由于前边所说的模式字符串 PMT 的性质，主字符串中 i 指针之前 PMT[j−1]位就一定与模式字符串的第 0 位至第 PMT[j−1]位是相同的。这是因为主字符串在 i 位失配，也就意味着主字符串从 i−j 到 i 的一段是与模式字符串 0 到 j 的一段完全相同的。而我们上面也解释了，模式字符串从 0 到 j−1，在这个例子中就是 "ababab"，其前缀集合与后缀集合的交集的最长元素为 "abab"，长度为 4。所以就可以断言，主字符串中 i 指针之前的 4 位一定与模式字符串的第 0 位至第 4 位是相同的，即长度为 4 的后缀与前缀相同。这样一来，我们就可以将这些字符段的比较省略掉。具体的做法是，保持 i 指针不动，然后将 j 指针指向模式字符串的 PMT[j−1]位即可。

简而言之，以图 4-2 中的例子来说，在 i 位失配，那么主字符串和模式字符串的前边 6 位就是相同的。又因为在模式字符串的前 6 位中，它的前 4 位前缀和后 4 位后缀是相同的，所以我们推知主字符串 i 之前的 4 位和模式字符串开头的 4 位是相同的。就是图 4-2 中的灰色部分。那这部分就不用再比较了。

有了上面的思路，我们就可以使用 PMT 加速字符串的查找了。我们看到如果是在 j 位失配，那么影响 j 指针回溯位置的其实是 j−1 位的 PMT 值，所以为了编程的方便，我们不直接使用 PMT 数组，而是将 PMT 数组向后偏移一位。我们把新得到的这个数组称为 next 数组。下面给出根据 next 数组进行字符串匹配加速的字符串匹配程序。其中要注意的一个技巧是，在把 PMT 进行向右偏移时，我们将第 0 位的值设成了–1，这只是为了编程的方便，并没有其他的意义。在本节的例子中，next 数组如表 4-2 所示。

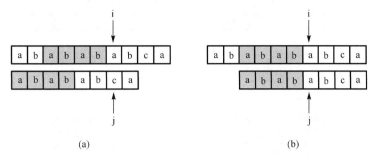

(a)   (b)

图 4-2　KMP 算法示意图

表 4-2　next 数组

字符	a	b	a	b	a	b	c	a
下标	0	1	2	3	4	5	6	7
PMT 值	0	0	1	2	3	4	0	1
next 值	–1	0	0	1	2	3	4	0

代码实现如下：

```
int KMP(char * t, char * p)
{
    int i = 0;
    int j = 0;
    while (i < strlen(t) && j < strlen(p))
    {
        if (j == -1 || t[i] == p[j])
        {
            i++;
            j++;
        }
        else j = next[j];
    }
    if (j == strlen(p))
        return i - j;
    else
        return -1;
}
```

现在，我们再看一下如何编程快速求得 next 数组（PMT 数组）。其实，求 next 数组的过程完全可以看成字符串匹配的过程，即以模式字符串为主字符串，以模式字符串的前缀为目标字符串，一旦字符串匹配成功，那么当前的 next 值就是匹配成功的字符串的长度。具体来说，就是从模式字符串的第一位(注意不包括第 0 位)开始对自身进行匹配运算。在任一位置，能匹配的最大长度就是当前位置的 next 值，具体过程如图 4-3 所示。

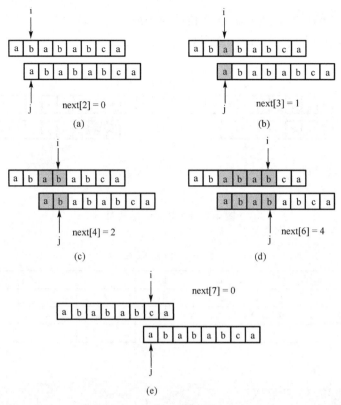

图 4-3　next 数组求值过程

代码实现如下：

```
void getNext(char * p, int * next)
{
    next[0] = -1;
    int i = 0, j = -1;
    while (i < strlen(p))
    {
        if (j == -1 || p[i] == p[j])
        {
            i++;
            j++;
            next[i] = j;
        }
        else
            j = next[j];
    }
}
```

　　如果某个字符匹配成功，模式字符串首字符的位置保持不动，仅仅是 i++、j++；如果匹配失配，i 不变（即 i 不回溯），模式字符串会跳过匹配过的 next[j] 个字符。整个算法最坏的情况是，当模式字符串首字符位于 i−j 的位置时才匹配成功，算法结束。所以，如果主字符串的长度为 n，模式字符串的长度为 m，那么匹配过程的时间复杂度为 O(n)，算上计算部分匹配表（next 表）的 O(m) 时间，KMP 算法的整体时间复杂度为 O(m+n)。所以复杂度是线性的复杂度。

在 Dev-C++5.8.3 环境下实现 KMP 算法的程序如下：

```c
#include <stdio.h>
#include <stdlib.h>
#include <string.h>

/*获取字符串 p 的 next 值*/
void getNext(char *p, int *next)
{
    int i = 0, j = -1;
    next[0] = -1;
    while (i < strlen(p))
    {
        if (j == -1 || p[i] == p[j])
        {i++;j++;next[i] = j;}
        else j = next[j];
    }
}
/*在主串 t 中查找子串 p*/
int KMP(char *t, char *p)
{
    int i = 0;
    int j = 0;
    /*根据字符串 p 的长度动态创建 next 数组*/
    int *next = (int*)malloc(sizeof(int)*strlen(p));
    int t_len = strlen(t);
    int p_len = strlen(p);
    /*获取字符串 p 的 next 值*/
    getNext(p, next);
    while (i < t_len && j < p_len)
    {
        if (j == -1 || t[i] == p[j])
        {i++;   j++;}
        else j = next[j];
    }
    if (j == strlen(p))  return i - j;
    else    return -1;
}
int main()
{
    char t[100], p[20];
    int i;
    printf("请输入主串：");
    gets(t);
    printf("请输入子串：");
    gets(p);
```

```
    i = KMP(t, p);
    if(i==-1)  printf("子串在主串中不存在\n");
    else  printf("找到子串，在主串中的位置为%d\n", i);
    return 0;
}
```

KMP 算法的程序实现结果如图 4-4 所示。

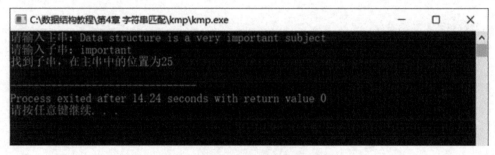

图 4-4　KMP 算法的程序实现结果

本 章 小 结

本章思维导图如图 4-5 所示。

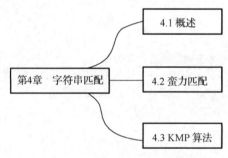

图 4-5　字符串匹配思维导图

本章主要讲了两种字符串匹配的算法：蛮力匹配和 KMP 算法，除了这两种算法，还有很多其他的字符串匹配算法，如 Boyer-Moore、Horspool、Sunday、KR、AC 自动机算法等。如果想了解相关知识，读者可以自行查阅资料。

 小知识

高德纳

发现 KMP 算法的 Knuth，全名叫 Donald Ervin Knuth，中文名叫高德纳，是美国著名计算机科学家、斯坦福大学计算机系荣誉教授。高德纳教授被誉为现代计算机科学的鼻祖，在计算机科学及数学领域发表了多部具广泛影响的论文和著作。

高德纳 1938 年出生于美国威斯康星州密歇根湖畔的密尔沃基。人们常常把学习成绩好的人称为"学霸"，从这个角度来看，高德纳就是"学神"。例如，1956 年高中毕业时，单科平均分为97.5，创造了学校有史以来的第一高分；大学读的是物理，后转攻数学，1960年本科毕业同时拿到了学士和硕士学位，理由是学校认为他的表现实在太出色了；1963年，获得加州理工学院数学博士学位并留校任教……

1962年，高德纳应艾迪生韦斯利出版社之邀，开始写一本关于编译器的书籍，这就是《计算机程序设计艺术》。原计划整套书有七卷，但是当他写完第三卷的时候，却突然停工了，并且一停就是很多年。原来，这个习惯把事情做到极致的"强迫症患者"认为现有的计算机排版软件效果太粗糙，破坏了书的美感，而他打算自己开发一套新的排版系统。歇笔的高德纳一头扎进了排版软件编写的世界。1985年，TeX排版系统横空出世，并引发了西文印刷行业的一场革命。TeX今天仍是全球学术排版的不二规范。TeX的版本也很有趣，它不是以人们熟悉的"1.0""2.0"标记版本，而是从3开始，不断地逼近圆周率3.1415。潜台词是：TeX已经没有大的漏洞了，后人只能小修小补使之趋于完美。高德纳甚至为此设立了一个奖励金，第一个Bug发现者奖励2.56美元，第二个奖励5.12美元，第三个奖励10.24美元……奖金是以指数增长的。然而，这么多年过去了，高德纳似乎也没有发过几次奖金，更没有因此破产。他还开发出了一套字体设计系统METAFONT（元字形）。

高德纳的小成果不计其数。例如，计算机科学技术中两个最基本的概念"算法"和"数据结构"就是他提出来的，那年的高德纳不过29岁。高德纳大神得到的荣誉如下。

1971年获首届美国计算机协会（Association for Computing Machinery）Grace Murray Hopper奖。

1973年当选为美国人文与科学院院士。

1974年获ACM图灵奖。

1975年当选为美国国家科学院院士，同年荣获美国数学协会（MAA）Lester R. Ford奖。

1979年获卡特总统颁发美国科学奖。

1981年当选为美国工程院院士。

1982年获计算机先锋奖（Computer Pioneer Award）。

1982年成为IEEE荣誉会员。

1986年荣获美国数学学会（MAA）Steele Award。

1988年获富兰克林奖（Franklin Medal）。

1994年获瑞典科学院Adelskold奖。

1995年获IEEE冯·诺伊曼奖。

1996年获Inamori基金会京都先进技术奖（Kyoto Prize for Advanced Technology）。

练 习 题

一、选择题

1. 数组通常具有的操作是（　　）。

　　A．顺序存取　　　　B．直接存取　　　C．数列存取　　　D．索引存取

2. 设有两个串S1和S2，求串S2在S1中首次出现位置的运算称作（　　）。

A．连接　　　　　B．求子串　　　　C．模式匹配　　　D．判断子串

3．已知串 S="aaab"，则 next 数组值为（　　）。

A．－1120　　　　B．0123　　　　　C．－1010　　　　D．－1230

4．串与普通的线性表相比较，它的特殊性体现在（　　）。

A．顺序存储结构　　　　　　　　B．链式存储结构

C．数据元素是一个字符　　　　　D．数据元素任意

5．串的长度是指（　　）

A．串中所含不同字母的个数　　　B．串中所含字符的个数

C．串中所含不同字符的个数　　　D．串中所含非空格字符的个数

二、填空题

1．含零个字符的串称为_____串。任何串中所含_____的个数称为该串的长度。

2．两个串相等的充分必要条件是两个串的长度相等且_____。

3．设 SUBSTR(S,i,k)是求 S 中从第 i 个字符开始的连续 k 个字符组成的子串的操作，则对于 S="Beijing&Nanjing"，SUBSTR(S,4,5)=_____。

4．设 s1="study"，s2="hard"，则调用函数 strcat(s1，s2)后得到_____。

5．设 S="A;/document/Mary.doc"，则 strlen(s)=_____，"/"的字符定位的位置为_____。

上机实验题

1．实现字符串蛮力匹配算法。

【题目描述】

实现字符串蛮力匹配算法。

【输入】

主字符串

从字符串

【输出】

从字符串在主字符串中的位置

【样例输入】

ABABABCABC

ABC

【样例输出】

4

2．实现字符串 KMP 匹配算法。

【题目描述】

实现字符串 KMP 匹配算法，并输出 next 表。

【输入】

主字符串

从字符串

【输出】

从字符串在主字符串中的位置

next 表

【样例输入】

ABABABCABCAB

ABABCAB

【样例输出】

2

−1012012

第5章 二 叉 树

开始学习编程的时候，将数组作为"主要数据结构"来学习是很常见的。当我们开始学习树，乃至后面的图的时候，这两种数据结构确实会让人困惑，因为它们存储数据不是线性方式了。

5.1 二叉树的概念和性质

5.1.1 树的概念

人们更容易理解线性数据结构，而不是像树和图这样的数据结构。树是众所周知的非线性数据结构。它们不以线性方式存储数据，而是按层次组织数据。

当我们说层次方式时意味着什么？想象一个有所有辈分关系的家谱：祖父母、父母、子女、兄弟姐妹们等。我们通常按层次结构组织家谱，如图5-1所示。

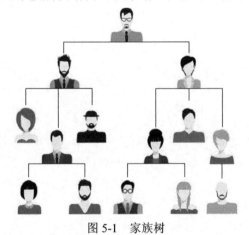

图 5-1　家族树

另一个层次结构的例子是企业的组织结构，如图5-2所示。

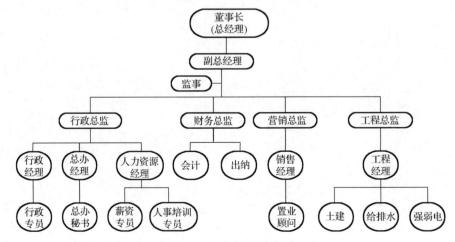

图 5-2　企业的组织结构

在超文本标记语言(hypertext markup language，HTML)中，文档对象模型(DOM)是树形结构的，如图 5-3 所示。

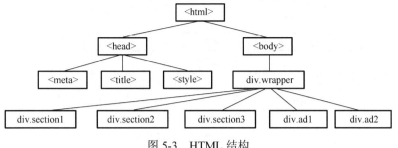

图 5-3　HTML 结构

HTML 标签包含其他的标签：一个 head 标签和 body 标签。这些标签包含特定的元素。head 标签中有 meta、title 和 style 标签。body 标签中有在用户界面展示的标签，等等。

一棵树是由 n(n≥0) 个元素组成的有限集合，如图 5-4 所示。

(1)当 n=0 时，这个树称为空树。

(2)每个元素称为结点(node)。

对于任何一棵非空树中，均满足以下条件：

(1)有且仅有一个首结点，即根结点。

(2)除根结点之外，每个结点都有唯一的前驱结点。

(3)每个结点都有 0 个或多个后继结点。

(4)当 n>1 时，除根结点之外的其他结点可以被划分为 m(m>0) 个互不相交的有限集合 $T_1, T_2, \cdots, T_m$，其中每个集合又是一棵树，这些树称为根结点的子树。

除以上树的基本概念之外，还有一些树的基本属性需要了解和掌握。

(1)一个结点的子树个数称为结点的度(degree)，树中各结点的度的最大值称为这棵树的度(tree degree)。

(2)度为 0 的结点称为叶结点(leaf node)，度不为 0 的结点称为分支结点(branch node)，根结点以外的分支结点称为内部结点(internal node)。

(3)一个结点的前驱结点为该结点的父结点(parent node)，一个结点的后继结点为该结点的子结点(children node)，同一结点的多个子结点互称为兄弟结点(brother node)。

(4)从根结点到达某个结点所经过的所有结点称为这个结点的祖先(ancestor)，以某个结点为根的子树中的任意一个结点都是该结点的子孙(descendant)。

(5)若规定一棵树中根结点的层次为 1，其他结点的层次等于它的父结点的层次加 1，则一棵树中所有结点的层次的最大值称为树的深度(depth)。

(6)m(m≥0) 棵互不相交的树的集合称为森林(forest)。

【例 5.1】以图 5-4 为例，上述概念在该树中的具体情况如下：

(1)树的根结点为<html>。

(2)叶子结点有<meta>、<title>、<style>、div.section1、div.section2、div.section3、div.ad1、div.ad2。

(3)分支结点有<html>、<head>、<body>、div.wrapper；内部结点有<head>、<body>、div.wrapper。

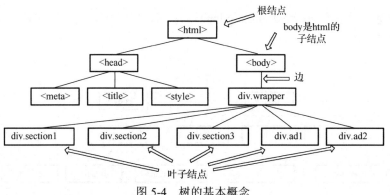

图 5-4　树的基本概念

(4)对根结点<html>来说，它是结点<body>和<head>的父结点，反过来，结点<head>和<body>是根结点的子结点，它们又是兄弟结点。

(5)对结点<meta>来说，结点<head>和<html>是它的祖先。

(6)对结点<head>来说，结点<meta>、<title>和<style>是它的子孙。

(7)结点 div.wrapper 的度为 5，是所有结点的度的最大值，所以该树的度为 5。

(8)这棵树的深度为 4。

5.1.2　二叉树的概念

现在我们来讨论一个特殊的树类型，它的每个结点最多有两个孩子，称为左孩子和右孩子。我们把这样的树叫做二叉树。二叉树是一种最基本的树形数据结构。

图 5-5 是一个二叉树的例子。

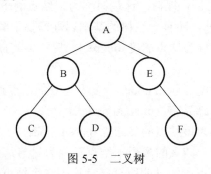

图 5-5　二叉树

满二叉树：所有的分支结点都存在左子树和右子树，并且所有的叶子结点都在同一层上，这样就是满二叉树，如图 5-6 所示。

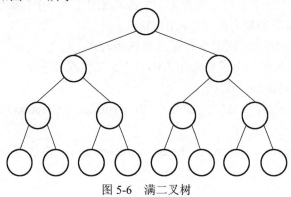

图 5-6　满二叉树

根据满二叉树的定义，得到其特点如下：

(1)叶子只能出现在最下一层。

(2)非叶子结点的度一定是2。

(3)在同样深度的二叉树中，满二叉树的结点个数最多，叶子数最多。

完全二叉树：对一棵具有 n 个结点的二叉树按层序排号，如果编号为 i 的结点与同样深度的满二叉树编号为 i 结点在二叉树中的位置完全相同，那么这棵树就是完全二叉树。满二叉树一定是完全二叉树，反过来不一定成立。其中关键点是结点按层序编号，然后依次与满二叉树的结点对应。

【例 5.2】 在图 5-7 中，树 1 中按层序编号后，5 结点没有左子树，但有右子树，10 结点缺失。树 2 中由于 3 结点没有子结点，6、7 位置出现空档。树 3 中 5 结点没有子结点，10、11 位置出现空档。所以它们都不是完全二叉树。

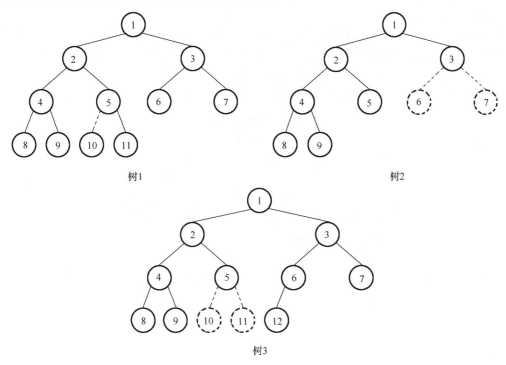

图 5-7　非完全二叉树

图 5-8 是一个完全二叉树。结合完全二叉树定义可以得到其特点：

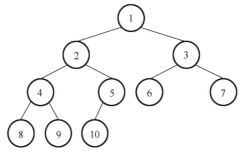

图 5-8　完全二叉树

(1)叶子结点只能出现在最后一层或倒数第二层。

(2)最下层叶子结点一定集中在左部连续位置。

(3)倒数第二层如果有叶子结点,一定出现在右部连续位置。

(4)同样结点数的二叉树,完全二叉树的深度最小(满二叉树也同样满足)。

5.1.3 二叉树的性质

1. 一般二叉树的性质

(1)在非空二叉树的 i 层上,至多有 2^i-1 个结点($i \geq 1$)。通过归纳法论证。

(2)在深度为 k 的二叉树上最多有 2^k-1 个结点($k \geq 1$)。通过归纳法论证。

(3)对于任何一棵非空的二叉树,如果叶结点个数为 n_0,度数为 2 的结点个数为 n_2,则有:$n_0 = n_2 + 1$。

性质(3)证明:在一棵二叉树中,除叶子结点(度为 0)之外,就剩下度为 2(n_2)和度为 1(n_1)的结点了。则树的结点总数为 $T = n_0 + n_1 + n_2$,在二叉树中结点总数为 T,而连线数为 T–1。所以有:$n_0 + n_1 + n_2 - 1 = 2*n_2 + n_1$,最后得到 $n_0 = n_2 + 1$。

图 5-9 中结点总数是 10,n_2 为 4,n_1 为 1,n_0 为 5。

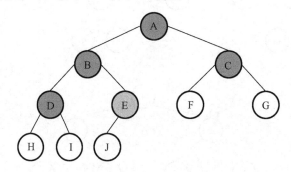

图 5-9 二叉树性质(3)举例

2. 完全二叉树的性质

(1)具有 n 个结点的完全二叉树的深度为 $\log_2 n + 1$。

满二叉树是完全二叉树,在深度为 k 的满二叉树中结点数量是 $2^k-1 = n$,完全二叉树结点数量肯定最多为 2^k-1,同时完全二叉树倒数第二层肯定是满的(倒数第一层有结点,那么倒数第二层序号和满二叉树相同),所以完全二叉树的结点数至少大于少一层的满二叉树,为 $2^{k-1}-1$。

根据上面推断得出:$2^{k-1}-1 < n \leq 2^k-1$,因为结点数 n 为整数,所以由 $n \leq 2^k-1$ 可以推出 $n < 2^k$,由 $n > 2^{k-1}-1$ 可以推出 $n \geq 2^{k-1}$,所以 $2^{k-1} \leq n < 2^k$。即可得 $k-1 \leq \log_2 n < k$,而 k 作为整数,因此 $k = \lfloor \log_2 n \rfloor + 1$。

(2)如果有一棵有 n 个结点的完全二叉树,对其结点按层序编号,对任一层的结点 i($1 \leq i \leq n$)有:

① 如果 i=1,则该结点是二叉树的根,无父结点,如果 i>1,则其父结点为 $\lfloor i/2 \rfloor$,向下取整。

② 如果 2i>n，那么结点 i 没有左孩子，否则其左孩子为 2i。

③ 如果 2i+1>n，那么结点没有右孩子，否则其右孩子为 2i+1。

在图 5-8 中可验证以上性质。

（1）当 i=1 时，为根结点。当 i>1 时，如结点为 7 的双亲就是 7/2= 3；结点 9 的双亲为 4。

（2）结点 6，6*2=12>10，所以结点 6 无左孩子，是叶子结点。结点 5，5*2=10，左孩子是 10。结点 4，左孩子为 8。

（3）结点 5，2*5+1>10，没有右孩子，结点 4，则有右孩子。

5.2　二叉树的存储结构

二叉树是非线性结构，即每个数据结点至多只有一个前驱，但可以有多个后继。它可采用顺序存储结构和链式存储结构。

5.2.1　顺序存储结构

二叉树的顺序存储，就是用一组连续的存储单元存放二叉树中的结点。因此，必须把二叉树的所有结点安排成为一个恰当的序列，结点在这个序列中的相互位置能反映出结点之间的逻辑关系，用编号的方法从树根起，自上层至下层，每层自左至右地给所有结点编号。这种做法的缺点是有可能对存储空间造成极大的浪费，在最坏的情况下，一个深度为 k 且只有 k 个结点的右单支树需要 2^{k-1} 个结点存储空间。依据二叉树的性质，完全二叉树和满二叉树采用顺序存储比较合适，树中结点的序号可以唯一地反映出结点之间的逻辑关系，这样既能够最大可能地节省存储空间，又可以利用数组元素的下标值确定结点在二叉树中的位置，以及结点之间的关系。图 5-10（a）是一棵完全二叉树，图 5-10（b）给出的是图 5-10（a）所示的完全二叉树的顺序存储结构。

(a) 一棵完全二叉树　　　　　　　　　　　(b) 顺序存储结构

图 5-10　完全二叉树与其顺序存储结构

对于一般的二叉树，如果仍按从上至下和从左到右的顺序将树中的结点顺序存储在一维数组中，则数组元素下标之间的关系不能够反映二叉树中结点之间的逻辑关系，只有增添一些并不存在的空结点，才能使之成为一棵完全二叉树的形式，然后再用一维数组顺序存储。图 5-11 给出了一棵一般二叉树改造后的完全二叉树形态和其顺序存储状态示意图。显然，这种存储需要增加许多空结点才能将一棵二叉树改造成为一棵完全二叉树，会造成空间的大量浪费，不宜用顺序存储结构。最坏的情况是右单支树（或左单支树），如图 5-12 所示，一棵深度为 k 的右单支树，只有 k 个结点，却需要分配 2^{k-1} 个存储单元。

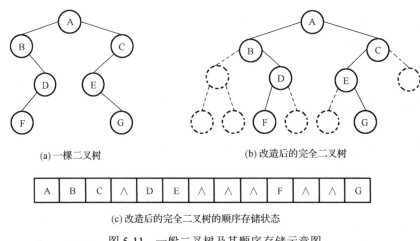

(a) 一棵二叉树　　　　　　　　　(b) 改造后的完全二叉树

A	B	C	∧	D	E	∧	∧	∧	F	∧	∧	G

(c) 改造后的完全二叉树的顺序存储状态

图 5-11　一般二叉树及其顺序存储示意图

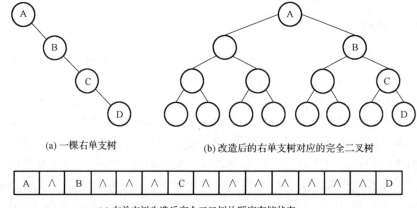

(a) 一棵右单支树　　　　　(b) 改造后的右单支树对应的完全二叉树

A	∧	B	∧	∧	∧	C	∧	∧	∧	∧	∧	∧	∧	D

(c) 右单支树改造后完全二叉树的顺序存储状态

图 5-12　右单支树及其顺序存储示意图

二叉树的顺序存储定义如下：

```
#define Maxsize 100        /*假设一维数组最多存放 100 个元素*/
typedef char Datatype;     /*假设二叉树元素的数据类型为字符*/
typedef struct
{
    Datatype node[Maxsize];
    int nodeNum;
}BinTree;
```

5.2.2　链式存储结构

　　二叉树的链式存储结构是指，用链表来表示一棵二叉树，即用链来指示元素的逻辑关系。链表中的每个结点由三个域组成：数据域和左、右指针域。左、右指针分别用来给出该结点左孩子和右孩子所在的链结点的存储地址。其结点存储结构如图 5-13 所示。

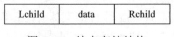

Lchild	data	Rchild

图 5-13　结点存储结构

其中，data 域存放结点的数据信息；Lchild 与 Rchild 分别存放指向左孩子和右孩子的指针，当左孩子或右孩子不存在时，相应指针域值为空（用符号∧或 NULL 表示）。利用这样的结点结构表示的二叉树的链式存储结构称为二叉链表，二叉链表的结构如图 5-14 所示。

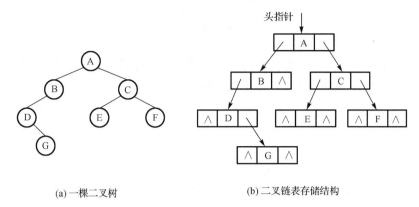

(a)一棵二叉树   (b)二叉链表存储结构

图 5-14   二叉树的二叉链表表示示意图

为了方便访问某结点的双亲，还可以给链表结点增加一个双亲字段 parent，用来指向其双亲结点。每个结点由四个域组成，其结点结构如图 5-15 所示。

Lchild	data	Rchild	parent

图 5-15   有四个域的结点存储结构

这种存储结构既便于查找孩子结点，又便于查找双亲结点。但是，相对于二叉链表存储结构而言，它增加了空间开销。利用这样的结点结构表示的二叉树的链式存储结构称为三叉链表。图 5-16 给出了图 5-14(a)所示的一棵二叉树的三叉链表表示。

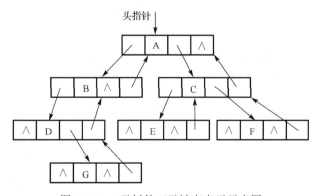

图 5-16   二叉树的三叉链表表示示意图

尽管在二叉链表中无法由结点直接找到其双亲，但由于二叉链表结构灵活，操作方便，对于一般情况的二叉树，甚至比顺序存储结构还节省空间。因此，二叉链表是最常用的二叉树存储方式。

二叉树的链式存储定义如下：

```
#define Datatype char      /*定义二叉树元素的数据类型为字符*/
typedef struct Node        /*定义结点由数据域和左、右指针组成*/
{
```

```
    Datatype data;
    struct Node *Lchild, *Rchild;
}BinTree;
```

5.3 二叉树的遍历

二叉树遍历是指，从树的根结点出发，按照某种次序依次访问二叉树中所有的结点，使得每个结点被访问且仅一次。这里有两个关键词：访问和次序。

5.3.1 二叉树的递归遍历

1. 先序遍历

先序遍历是指，先访问根结点，再先序遍历左子树，最后先序遍历右子树，即按照根结点—左子树—右子树的顺序遍历。图 5-17 中先序遍历的结果是：1,2,4,5,7,8,3,6。

按照先序遍历的定义，可以写出先序递归遍历的代码，如下所示：

```
void PreOrderTraverse(BinTree *t)
{/*注意跳出条件*/
    if(t != NULL)
    {/*注意访问语句顺序*/
        printf("%c ", t->data);
        PreOrderTraverse(t->Lchild);
        PreOrderTraverse(t->Rchild);
    }
}
```

2. 中序遍历

中序遍历是指，先中序遍历左子树，然后访问根结点，最后中序遍历右子树，即按照左子树—根结点—右子树的顺序遍历。图 5-18 中中序遍历的结果是：4,2,7,8,5,1,3,6。

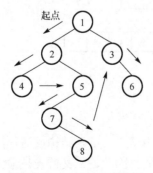

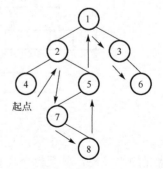

图 5-17 二叉树先序遍历　　　　　　　图 5-18 二叉树中序遍历

按照中序遍历的定义，可以写出中序递归遍历的代码，如下所示：

```
void InOrderTraverse(BinTree *t)
{
    if(t != NULL)
```

```
        {
            InOrderTraverse(t->Lchild);
            printf("%c ", t->data);
            InOrderTraverse(t->Rchild);
        }
    }
```

3. 后序遍历

后序遍历是指，先后序遍历左子树，然后后序遍历右子树，最后访问根结点，即按照左子树—右子树—根结点的顺序遍历。图 5-19 中后序遍历的结果是：4,8,7,5,2,6,3,1。

按照后序遍历的定义，可以写出后序递归遍历的代码，如下所示：

```
void PostOrderTraverse(BinTree *t)
{
    if(t != NULL)
    {
        PostOrderTraverse(t->Lchild);
        PostOrderTraverse(t->Rchild);
        printf("%c ", t->data);
    }
}
```

【例 5.3】建立一棵如图 5-20 所示的二叉树，并输出其先序遍历、中序遍历、后序遍历的结果。

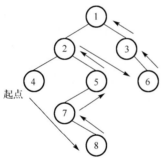
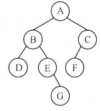

图 5-19 二叉树后序遍历   图 5-20 二叉树

在 Dev-C++5.8.3 环境下实现的程序如下：

```
#include <stdio.h>
#include <stdlib.h>

/*二叉树结点结构*/
struct BinTree
{
    char data;  /*结点数据类型可以修改为其他类型*/
    struct BinTree *Lchild;
    struct BinTree *Rchild;
}

/*按二叉树的先序遍历顺序建立二叉树*/
```

```c
struct BinTree* CreateBinTree(struct BinTree *p)
{
    char data;
    scanf("%c", &data);
    /*当输入为'#'时，表示一个空结点*/
    if(data != '#')
    {
        p = (struct BinTree *)malloc(sizeof(struct BinTree));
        p->data = data;
        p->Lchild = CreateBinTree(p->Lchild);
        p->Rchild = CreateBinTree(p->Rchild);
    }
    else
        p = NULL;
    return p;
}
/*先序遍历二叉树*/
void PreOrder(struct BinTree *p)
{
    if(p != NULL)
    {
        printf("%c ", p->data);
        PreOrder(p->Lchild);
        PreOrder(p->Rchild);
    }
}
/*中序遍历二叉树*/
void InOrder(struct BinTree *p)
{
    if(p != NULL)
    {
        InOrder(p->Lchild);
        printf("%c ",p->data);
        InOrder(p->Rchild);
    }
}
/*后序遍历二叉树*/
void PostOrder(struct BinTree *p)
{
    if(p != NULL)
    {
        PostOrder(p->Lchild);
        PostOrder(p->Rchild);
        printf("%c ", p->data);
    }
}

int main( )
```

```
{
    struct BinTree *root=NULL;
    printf("请按二叉树先序遍历的顺序输入结点关键字：");
    root = CreateBinTree(root);
    printf("\n 先序遍历结果: ");
    PreOrder(root);
    printf("\n 中序遍历结果: ");
    InOrder(root);
    printf("\n 后序遍历结果: ");
    PostOrder(root);
    return 0;
}
```

二叉树遍历实验结果如图 5-21 所示。

图 5-21 二叉树遍历

5.3.2 二叉树的非递归遍历

为了便于理解，这里以图 5-22 的二叉树为例，分析二叉树的几种非递归遍历方式的实现过程。

1. 先序遍历的非递归实现

根据先序遍历的顺序，先访问根结点，再访问左子树，后访问右子树，而对于每个子树来说，又按照同样的访问顺序进行遍历，图 5-22 的先序遍历顺序为：ABDECF。非递归的实现思路如下。

对于任一结点 P 进行如下操作：

(1)输出结点 P，然后将其入栈，再看 P 的左孩子是否为空。

(2)若 P 的左孩子不为空，则置 P 的左孩子为当前结点，重复(1)的操作。

(3)若 P 的左孩子为空，则将栈顶结点出栈，但不输出，并将出栈结点的右孩子置为当前结点，看其是否为空。

(4)若不为空，则循环至(1)的操作。

(5)如果为空，则继续出栈，但不输出，同时将出栈结点的右孩子置为当前结点，看其是否为空，重复(4)和(5)的操作。

(6)直到当前结点 P 为 NULL 并且栈空，遍历结束。

下面以图 5-22 为例，详细分析其先序遍历的非递归实现过程。

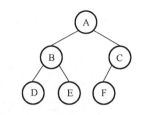

图 5-22　二叉树非递归遍历举例

(1)从根结点 A 开始，根据操作(1)，输出 A，并将其入栈，由于 A 的左孩子不为空，根据操作(2)，将 B 置为当前结点，再根据操作(1)，将 B 输出，并将其入栈，由于 B 的左孩子也不为空，根据操作(2)，将 D 置为当前结点，再根据操作(1)，输出 D，并将其入栈，此时输出序列为 ABD。

(2)由于 D 的左孩子为空，根据操作(3)，将栈顶结点 D 出栈，但不输出，并将其右孩子置为当前结点。

(3)由于 D 的右孩子为空，根据操作(5)，继续将栈顶结点 B 出栈，但不输出，并将其右孩子置为当前结点。

(4)由于 B 的右孩子 E 不为空，根据操作(1)，输出 E，并将其入栈，此时输出序列为 ABDE。

(5)由于 E 的左孩子为空，根据操作(3)，将栈顶结点 E 出栈，但不输出，并将其右孩子置为当前结点。

(6)由于 E 的右孩子为空，根据操作(5)，继续将栈顶结点 A 出栈，但不输出，并将其右孩子置为当前结点。

(7)由于 A 的右孩子 C 不为空，根据操作(1)，输出 C，并将其入栈，此时输出序列为 ABDEC。

(8)由于 C 的左孩子 F 不为空，根据操作(2)，则将 F 置为当前结点，再根据操作(1)，输出 F，并将其入栈，此时输出序列为 ABDECF。

(9)由于 F 的左孩子为空，根据操作(3)，将栈顶结点 F 出栈，但不输出，并将其右孩子置为当前结点。

(10)由于 F 的右孩子为空，根据操作(5)，继续将栈顶元素 C 出栈，但不输出，并将其右孩子置为当前结点。

(11)此时栈空，且 C 的右孩子为 NULL，因此遍历结束。

根据以上思路，先序遍历的非递归实现代码如下：

```
void PreOrderTraverse(BinTree *t)
{
    Stack stack = create_stack();    /*创建一个空栈*/
    BinTree node_pop;                /*用来保存出栈结点*/
    BinTree pCur = t;                /*定义用来指向当前访问的结点的指针*/
    /*直到当前结点 pCur 为 NULL 且栈空时，循环结束*/
    while(pCur != NULL || !is_empty(stack))
    {
    /*从根结点开始，输出当前结点，并将其入栈；同时置其左孩子为当前结点，直至其没有左孩子，且当前结点为 NULL*/
        printf("%c ", pCur->data);
        push(stack, pCur);
        pCur = pCur->Lchild;
```

```
        /*如果当前结点pCur为NULL且栈不空,则将栈顶结点出栈;同时置其右孩子为当前结点,
循环判断,直至pCur不为空*/
        while(!pCur && !is_empty(stack))
        {
            pCur = getTop(stack);
            pop(stack, &node_pop);
            pCur = pCur->Rchild;
        }
    }
}
```

2. 中序遍历的非递归实现

根据中序遍历的顺序,先访问左子树,再访问根结点,后访问右子树,而对于每个子树来说,又按照同样的访问顺序进行遍历,图5-22的中序遍历顺序为:DBEAFC。非递归的实现思路如下。

对于任一结点P进行如下操作:

(1)若P的左孩子不为空,则将P入栈并将P的左孩子置为当前结点,然后再对当前结点进行相同的处理。

(2)若P的左孩子为空,则输出P结点,然后将P的右孩子置为当前结点,看其是否为空。

(3)若不为空,则重复(1)和(2)的操作。

(4)若为空,则执行出栈操作,输出栈顶结点,并将出栈的结点的右孩子置为当前结点,看其是否为空,重复(3)和(4)的操作。

(5)直到当前结点P为NULL并且栈为空,则遍历结束。

下面以图5-22为例,详细分析其中序遍历的非递归实现过程:

(1)从根结点A开始,A的左孩子不为空,根据操作(1)将A入栈,接着将B置为当前结点,B的左孩子也不为空,根据操作(1),将B也入栈,接着将D置为当前结点,由于D的左子树为空,根据操作(2),输出D。

(2)由于D的右孩子也为空,根据操作(4),执行出栈操作,将栈顶结点B出栈,并将B置为当前结点,此时输出序列为DB。

(3)由于B的右孩子不为空,根据操作(3),将其右孩子E置为当前结点,由于E的左孩子为空,根据操作(1),输出E,此时输出序列为DBE。

(4)由于E的右孩子为空,根据操作(4),执行出栈操作,将栈顶结点A出栈,并将结点A置为当前结点,此时输出序列为DBEA。

(5)此时栈为空,但当前结点A的右孩子并不为NULL,继续执行,由于A的右孩子不为空,根据操作(3),将其右孩子C置为当前结点,由于C的左孩子不为空,根据操作(1),将C入栈,将其左孩子F置为当前结点,由于F的左孩子为空,根据操作(2),输出F,此时输出序列为DBEAF。

(6)由于F的右孩子也为空,根据操作(4),执行出栈操作,将栈顶元素C出栈,并将其置为当前结点,此时的输出序列为DBEAFC。

(7)由于C的右孩子为NULL,且此时栈空,根据操作(5),遍历结束。

根据以上思路,中序遍历的非递归实现代码如下:

```
void InOrderTraverse (BinTree *t)
{
    Stack stack = create_stack();      /*创建一个空栈*/
    BinTree node_pop;                  /*用来保存出栈结点*/
    BinTree pCur = *t;                 /*定义指向当前访问的结点的指针*/
    /*直到当前结点 pCur 为 NULL 且栈空时，循环结束*/
    while(pCur || !is_empty(stack))
    {
        if(pCur->Lchild)
        {
            /*如果 pCur 的左孩子不为空，则将其入栈，并置其左孩子为当前结点*/
            push(stack, pCur);
            pCur = pCur->Lchild;
        }else
        {
            /*如果 pCur 的左孩子为空，则输出 pCur 结点，并将其右孩子设为当前结点，看其是否
为空*/
            printf("%c ", pCur->data);
            pCur = pCur->Rchild;
            /*如果为空，且栈不空，则将栈顶结点出栈，并输出该结点，同时将它的右孩子设为当
前结点，继续判断，直到当前结点不为空*/
            while(!pCur && !is_empty(stack))
            {
                pCur = getTop(stack);
                printf("%c ",pCur->data);
                pop(stack, &node_pop);
                pCur = pCur->Rchild;
            }
        }
    }
}
```

3. 后序遍历的非递归实现

根据后序遍历的顺序，先访问左子树，再访问右子树，后访问根结点，而对于每个子树来说，又按照同样的访问顺序进行遍历，图 5-22 的后序遍历顺序为：DEBFCA。后序遍历的非递归的实现相对来说要难一些，要保证根结点在左子树和右子树被访问后才能访问，思路如下。

对于任一结点 P 进行如下操作：

(1)先将结点 P 入栈。

(2)若 P 不存在左孩子和右孩子，或者 P 存在左孩子或右孩子，但左孩子和右孩子已经被输出，则可以直接输出结点 P，并将其出栈，将出栈结点 P 标记为上一个输出的结点，再将此时的栈顶结点设为当前结点。

(3)若不满足(2)中的条件，则将 P 的右孩子和左孩子依次入栈，当前结点重新置为栈顶结点，之后重复操作(2)。

(4)直到栈空，遍历结束。

下面以图 5-22 为例，详细分析其后序遍历的非递归实现过程：

(1) 设置两个指针：Cur 指针指向当前访问的结点，它一直指向栈顶结点，每次出栈一个结点后，将其重新置为栈顶结点，Pre 结点指向上一个访问的结点。

(2) Cur 首先指向根结点 A，Pre 先设为 NULL，由于 A 存在左孩子和右孩子，根据操作(3)，先将右孩子 C 入栈，再将左孩子 B 入栈，Cur 改为指向栈顶结点 B。

(3) 由于 B 也有左孩子和右孩子，根据操作(3)，将 E、D 依次入栈，Cur 改为指向栈顶结点 D。

(4) 由于 D 没有左孩子，也没有右孩子，根据操作(2)，直接输出 D，并将其出栈，将 Pre 指向 D，Cur 指向栈顶结点 E，此时输出序列为 D。

(5) 由于 E 也没有左孩子和右孩子，根据操作(2)，输出 E，并将其出栈，将 Pre 指向 E，Cur 指向栈顶结点 B，此时输出序列为 DE。

(6) 由于 B 的左孩子和右孩子已经被输出，即满足条件 Pre==Cur->Lchild 或 Pre==Cur->Rchild，根据操作(2)，输出 B，并将其出栈，将 Pre 指向 B，Cur 指向栈顶结点 C，此时输出序列为 DEB。

(7) 由于 C 有左孩子，根据操作(3)，将其入栈，Cur 指向栈顶结点 F。

(8) 由于 F 没有左孩子和右孩子，根据操作(2)，输出 F，并将其出栈，将 Pre 指向 F，Cur 指向栈顶结点 C，此时输出序列为 DEBF。

(9) 由于 C 的左孩子已经被输出，即满足 Pre==Cur->Lchild，根据操作(2)，输出 C，并将其出栈，将 Pre 指向 C，Cur 指向栈顶结点 A，此时输出序列为 DEBFC。

(10) 由于 A 的左孩子和右孩子已经被输出，根据操作(2)，输出 A，并将其出栈，此时输出序列为 DEBFCA。

(11) 此时栈空，遍历结束。

根据以上思路，后序遍历的非递归实现代码如下：

```
void PostOrderTraverse (BinTree *t)
{
    Stack stack = create_stack();    /*创建一个空栈*/
    BinTree node_pop;                /*用来保存出栈的结点*/
    BinTree pCur;                    /*定义指针，指向当前结点*/
    BinTree pPre = NULL;             /*定义指针，指向上一个访问的结点*/
    /*先将树的根结点入栈*/
    push(stack, *t);
    /*直到栈空时，结束循环*/
    while(!is_empty(stack))
    {
        pCur = getTop(stack);        /*当前结点置为栈顶结点*/
        if((pCur->Lchild==NULL && pCur->Rchild==NULL) ||
           (pPre!=NULL && (pCur->Lchild==pPre || pCur->Rchild==pPre)))
        {
            /*如果当前结点没有左孩子和右孩子，或者有左孩子或有孩子，但已经被访问输出，则
直接输出该结点，将其出栈，将其设为上一个访问的结点*/
            printf("%c ", pCur->data);
            pop(stack, &node_pop);
            pPre = pCur;
        }
```

```
        else
        {
/*如果不满足上面两种情况，则将其右孩子和左孩子依次入栈*/
            if(pCur->Rchild != NULL)
                push(stack, pCur->Rchild);
            if(pCur->Lchild != NULL)
                push(stack, pCur->Lchild);
        }
    }
}
```

4. 层次遍历

层次遍历是指，从根结点出发，依次访问左右孩子结点，再从左右孩子出发，依次访问它们的孩子结点，直到所有结点访问完毕。图 5-22 的层次遍历顺序为 ABCDEF。

按层次遍历，可以使用队列顺序输出所有结点。实现操作如下：

(1)把根结点放入队列。

(2)如果队列不为空，队首元素出队并输出，如果该元素有左右孩子，则该元素的左右孩子放入队列。

(3)重复步骤(2)，直到队列为空，算法结束。

下面以图 5-22 为例，详细分析其层次遍历的实现过程：

(1)从根结点 A 开始，根据操作(1)，把 A 入队。

(2)此时队列中的元素为 A，根据操作(2)，队首元素 A 出队，并输出，结点 A 的左孩子为 B，右孩子为 C，将 B 和 C 按先后顺序入队。

(3)此时队列中的元素为 BC，根据操作(2)，队首元素 B 出队，并输出，结点 B 的左孩子为 D，右孩子为 E，将 D 和 E 按先后顺序入队。

(4)此时队列中的元素为 CDE，根据操作(2)，队首元素 C 出队，并输出，结点 C 的左孩子为 F，将 F 入队。

(5)此时队列中的元素为 DEF，根据操作(2)，队首元素 D 出队，并输出，结点 D 没有子结点，没有要入队的元素。

(6)此时队列中的元素为 EF，根据操作(2)，队首元素 E 出队，并输出，结点 E 没有子结点，没有要入队的元素。

(7)此时队列中的元素为 F，根据操作(2)，队首元素 F 出队，并输出，结点 F 没有子结点，没有要入队的元素。

(8)此时队列为空，因此遍历结束。

根据以上思路，层次遍历的实现代码如下：

```
void LevelOrderTraverse(BinTree *t)
{
    Queue queue;
    Node *p;
    if(T)
    {
        InitQueue(&queue);
```

```
        EnQueue(&queue, t);
        while(!QueueEmpty(queue))
        {
            DeQueue(&queue, &p);
            printf("%c", p->data);
            if(p->Lchild!=NULL) EnQueue(&queue, p->Lchild);
            if(p->Rchild!=NULL) EnQueue(&queue, p->Rchild);
        }
    }
}
```

5.4　二叉树的构造

其实二叉树的建立就是二叉树的遍历，只不过将输入内容改为建立结点而已，例如，利用先序遍历建立二叉树的代码如下：

```
/*按先后次序输入二叉树中结点的值(一个字符)，#表示空树(空结点)*/
/*构造二叉链表表示的二叉树*/
BinTree CreateTree(BinTree *t)
{
    char ch;
    scanf("%c", &ch);
    if(ch == '#')
        t = NULL;
    else
    {
        t = (Node *)malloc(sizeof(Node));
        if(t == NULL)
        {
            fprintf(stderr, "malloc() error in CreateTree.\n");
            return;
        }
        t->data = ch;                        /*生成根结点*/
        t->Lchild = CreateTree(t->Lchild);   /*构造左子树*/
        t->Rchild = CreateTree(t->Rchild);   /*构造右子树*/
    }
    return t;
}
```

5.5　二叉树遍历的应用

5.5.1　统计二叉树中叶子结点的个数

根据二叉树递归遍历的思路，可以考虑先统计二叉树左子树的叶子结点个数，然后再统计右子树中的叶子结点个数，把左右子树中的叶子结点数加起来，就得到二叉树中所有叶子结点的个数了。

统计二叉树中叶子结点个数的代码如下：

```
int CountLeafNodeNum(BinTree *t)
{
    if(t == NULL)
        return 0;
    else if(t->Lchild == NULL && t->Rchild == NULL)
        return 1;
    else
        return CountLeafNode(t->Lchild) + CountLeafNode(t->Rchild);
}
```

5.5.2 计算二叉树的高度

根据二叉树递归遍历的思路，可以考虑先统计二叉树左子树的高度，然后再统计右子树中的高度，通过比较左右子树的高度，将较大的值加上 1(根结点的高度)，就得到二叉树的高度了。

统计二叉树高度的代码如下：

```
int CountTreeHeight(BinTree *t)
{
if(t == NULL)
    return 0;
else{
    int left= CountTreeHeight (root.left);
    int right= CountTreeHeight (root.right);
    return left>right?left:right + 1;
    }
}
```

5.5.3 二叉树重构

二叉树重构，即从遍历结果反推二叉树，一般是给定前序遍历(或后序遍历)和中序遍历的结果，然后推出二叉树结构。我们首先需要了解前序遍历、中序遍历以及后序遍历的原理。对于三种遍历而言：前序遍历是先输出根结点，再递归输出左子树和右子树；中序遍历是先输出左子树，再输出根结点，最后输出右子树；后序遍历是先输出左子树，再输出右子树，最后输出根结点。

知道了原理，那么假如一棵二叉树的前序遍历结果为 ABCDEF，中序遍历的结果为CBAEDF，我们可以从前序遍历的结果看出第一个字母是 A，所以 A 就是这棵二叉树的根结点。又因为中序遍历的结果为 CBAEDF，CB 在 A 之前，所以 CB 为 A 的左子树结点，EDF在 A 之后，所以 EDF 是 A 的右子树结点。于是可以初步得到如图 5-23(a)所示的结构。

然后确定结点 BC 的内部结构。先看先序遍历：ABCDEF，对于 BC 结点，先输出 B，然后输出 C，所以 B 是子树的根结点。再看中序遍历：CBAEDF，C 在 B 之前输出，由中序遍历的性质可以知道 C 是 B 的左子树。则可以得到如图 5-23(b)所示的结构。

同理可以得到 EDF 三个结点之间的结构，如图 5-23(c)所示。

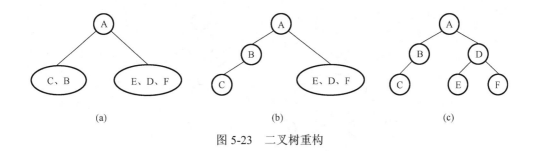

(a)　　　　　　　　　(b)　　　　　　　　　(c)

图 5-23　二叉树重构

5.6　霍 夫 曼 树

霍夫曼树是二叉树的一种特殊形式，又称为最优二叉树，其主要作用在于数据压缩和编码长度的优化。

5.6.1　路径和路径长度

在一棵树中，从一个结点往下可以达到的孩子或子孙结点之间的通路，称为**路径**。通路中边的数目称为**路径长度**。若规定根结点的层数为 1，则从根结点到第 L 层结点的路径长度为 L−1。如图 5-24 所示，二叉树结点 A 到结点 D 的路径长度为 2，结点 A 到达结点 C 的路径长度为 1。

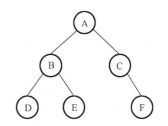

图 5-24　二叉树路径长度举例

5.6.2　结点的权及带权路径长度

若将树中结点赋予一个有着某种含义的数值，则这个数值称为该结点的**权**。结点的**带权路径长度**为：从根结点到该结点之间的路径长度与该结点的权的乘积。

图 5-25 展示了一棵带权的二叉树，其中结点 B 的权值为 5，结点 C 的权值为 2，结点 D 的权值为 6，结点 E 的权值为 3，结点 F 的权值为 8。树的带权路径长度规定为所有叶子结点的带权路径长度之和，记为 WPL。

所以图 5-25 所示二叉树的 WPL = 6×2 + 3×2 + 8×2 = 34。

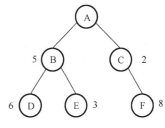

图 5-25　带权的二叉树

5.6.3　霍夫曼树定义

给定 n 个权值作为 n 个叶子结点，构造一棵二叉树，若带权路径长度达到最小，称这样的二叉树为最优二叉树，也称为霍夫曼树 (Huffman tree)。

图 5-26 (a) 和 (b) 所示的两棵二叉树的叶子结点均为 A、B、C、D，对应权值分别为 7、5、2、4。

图 5-26 (a) 所示的二叉树的带权路径长度 WPL = 7×2 + 5×2 + 2×2 + 4×2 = 36。

图 5-26 (b) 所示的二叉树的带权路径长度 WPL = 7×1 + 5×2 + 2×3 + 4×3 = 35。

由 A、B、C、D 叶子结点构成的二叉树形态有许多种，但是 WPL 最小的树只有图 5-26 (b) 所示的形态。所以图 5-26 (b) 所示的二叉树为一棵霍夫曼树。

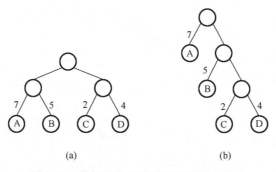

图 5-26　带权路径长度不同的两棵二叉树

5.6.4　构造霍夫曼树

构造霍夫曼树主要运用于编码，称为霍夫曼编码。霍夫曼编码主要用于数据压缩，它根据文本字符出现的频率，重新对字符进行编码。为了缩短编码的长度，我们自然希望频率越高的词，编码越短，这样最终才能最大化压缩存储文本数据的空间。现考虑使用图 5-26 中的 A、B、C、D 结点的权值分别为 7、5、2、4，结点的权值表示对应文本字符出现的频率，则可以根据结点对应的权值构成如下文本序列，该文本序列中 A 出现了 7 次，B 出现了 5 次，C 出现了 2 次，D 出现了 4 次。

AACBCAADDBBADDAABB

霍夫曼编码的规则是：从根结点出发，向左的路径标记为 0，向右的路径标记为 1，从根结点到某个叶子结点的路径上的标记连起来就是该叶子结点的编码。

采用上述编码规则，可以把图 5-26 中的二叉树进行路径标记，标记结果为图 5-27 所示的形式。为了区分路径标记和结点权值，后面各图中，把结点权值放在了结点中。

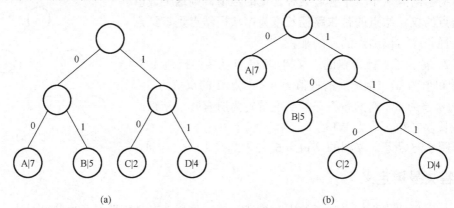

图 5-27　对二叉树进行路径标记

图 5-27(a)没有考虑每个结点的权值(即每个文本字符出现的频率)，根结点到每个叶子结点的路径长度均为 2，所以每个叶子结点的编码长度都为 2，编码结果如表 5-1 所示。

则文本序列 AACBCAADDBBADDAABB 对应编码如下，长度为 36。

00 00 10 01 10 00 00 11 11 01 01 00 11 11 00 00 01 01

图 5-27(b)所示的二叉树是一棵霍夫曼树，其构造过程如下。

(1)选择结点权值最小的两个结点构成一棵二叉树，如图 5-28 所示，新生成的结点 T1 的权值为结点 C 和结点 D 的权值之和。

表 5-1　图 5-27(a)所示二叉树叶子结点编码表

结点	编码
A	00
B	01
C	10
D	11

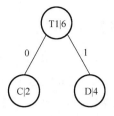

图 5-28　结点权值最小的两个结点构成一棵二叉树

(2)现在可以看作有三个结点 T1、A、B 用于构造霍夫曼树,继续执行步骤(1)。选择结点权值最小的结点 B 和 T1 构成一棵二叉树,如图 5-29 所示。新生成的结点 T2 的权值为结点 B 和 T1 的权值之和。

(3)现只有 T2 和 A 两个结点,继续执行步骤(1)。选择结点 A 和 T2 构成一棵二叉树,如图 5-30 所示。新生成的结点 T3 的权值为结点 A 和结点 T2 的权值之和。

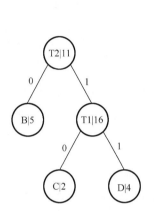

图 5-29　结点 B 和 T1 构成一棵二叉树

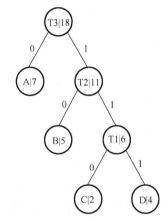

图 5-30　结点 A 和 T2 构成一棵二叉树

经过上述步骤则可以构造完一棵霍夫曼树。通过观察可以发现,霍夫曼树中权值越大的叶子结点距离根结点越近。

按照图 5-30 进行霍夫曼编码的结果如表 5-2 所示。

则文本序列 AACBCAADDBBADDAABB 对应编码如下,编码长度为 35。

0 0 110 10 110 0 0 111 111 10 10 0 111 111 0 0 10 10

由此可见,采用霍夫曼树可以适当缩短编码长度,尤其是在编码长度较长,且权值分布不均匀时,采用霍夫曼编码可以大大缩短编码长度。

表 5-2　霍夫曼编码

结点	编码
A	00
B	10
C	110
D	111

5.7　并　查　集

5.7.1　并查集的概念

并查集用于处理一些不交集(disjoint sets)的合并及查询问题。开始时有若干个不相交的集合,然后按照一定规律将这些集合合并,在此过程中需要反复查询某个元素归属于哪个集合,适合于描述这类问题的抽象数据类型称为并查集(union-find set)。

5.7.2 并查集的操作

从名字可以看出，并查集主要涉及两种基本操作：合并(union)和查找(find)。有一个联合-查找算法(union-find algorithm)定义了两个用于此数据结构的操作。

(1)查找操作：确定元素属于哪一个子集，它可以被用来确定两个元素是否属于同一子集。

(2)合并操作：将两个子集合并成同一个集合。

5.7.3 并查集的存储结构及实现

1. 存储结构

并查集(S)由若干子集合 S_i 构成，并查集的逻辑结构实际上就是一个森林。S_i 表示森林中的一棵子树。一般以子树的根作为该子树的代表。

并查集的存储结构可用一维数组或链式存储来实现。链式存储实现的方式与前面讲过的二叉树的链式存储结构相似。这里主要介绍一维数组的实现方式。

为了记录森林中子树的结构，除需要在一维数组内保存元素内容之外，还需要保存元素的父结点的位置，数据结构定义如下：

```
struct Node
{
    Datatype data;
    int parent;
}
```

假设并查集 S 的存储结构如表 5-3 所示。S[2].data 为元素"C"，S[2].parent 为 1，表示元素"C"的父结点为第 1 个元素，即元素"B"。S[0].parent 为-1，表示元素"A"是树根结点。

表 5-3　并查集 S 的存储结构

A	B	C	D	E	F	G
-1	0	1	0	-1	4	4
0	1	2	3	4	5	6

画出并查集 S 的逻辑结构示意图，如图 5-31 所示。可以看出，该并查集中含有两个子树，其根结点(子树代表)分别为 A 和 E。

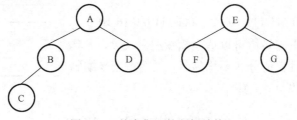

图 5-31　并查集 S 的逻辑结构

2. 基本操作实现

合并(union)操作就是将两个不相交的子集合并成一个大集合。简单的合并操作是非常容易实现的，因为只需要把一棵子树的根结点作为另一棵子树的根结点的子结点，即可完成合并。

例如，合并图 5-31 所示的并查集，把第二个子树中的根结点 E 作为第一个子树根结点 A 的子结点，就得到新的树结构，如图 5-32 所示。

合并(union)操作代码如下：

```
void union(int root1, int root2)
{
    s[root2].parent = root1;/*将 root1 作为 root2 的新树根*/
}
```

在表 5-3 所示的存储结构中，两棵子树的根结点的下
标分别为 0 和 4，执行函数 union(0, 4)，即把第 4 个结点
E 的 parent 值修改为 0(即 A 结点的下标)。

但是，这只是一个简单的情况，当待合并的两棵子树
很大，而且高度不一样时，如何使得合并操作生成的新子
树的高度最小呢？因为高度越小的子树查找(find)操作越
快。后面会介绍一种更好的合并策略，以支持快速合并和
查找(Quick Union/Find)。

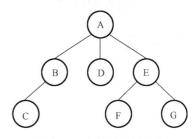

图 5-32　合并后的树结构

查找操作就是查找某个元素所在的集合，返回该集合的代表元素，即根结点。表 5-3 所示
的并查集中，find(2) 返回 0，find(3) 返回 0，即表示第 2 个结点 "C" 和第 3 个结点 "D" 在同
一个集合中，find(5) 返回 4，即第 5 个结点 "F" 与结点 "C" 和 "D" 不在同一个集合中。

查找操作具体代码实现如下：

```
int find(int x)
{
    if(s[x].parent < 0)
        return x;
    else
        return find(s[x].parent);
}
```

这里 find(int x) 返回的是最后一层递归执行后得到的值。由于只有树根的父结点位置小
于 0，故返回的是树根结点的下标。

5.7.4　合并和查找的改进——Quick Union/Find

上面介绍的合并操作很随意：任选一棵子树，将另一棵子树的根指向它即完成了合并。
如果一直按照上述方式合并，很可能产生一棵非常不平衡的子树。树越来越高，此时会影响
查找操作的效率。假如一棵树的结构如图 5-33 所示。

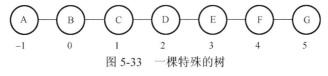

图 5-33　一棵特殊的树

执行 find(5) 时，会一直沿着父结点遍历直到根结点，即 5→4→3→2→1→0→−1。递归
次数较多，效率不高。

并查集中的子树只用来表示各个元素是否在同一集合，没有元素排列次序的要求，所以
完全可以把一个较高的树变为较低的树，这个过程称为**路径压缩**。

我们可以在查找操作进行时，使 find 查找路径中的结点都直接指向树根(这很明显地改
变了子树的高度)。如何使 find 查找路径中经过的每个结点都直接指向树根呢？只需要小小
改动一下查找操作的代码就可以了。修改后的查找操作代码如下：

```
int find(int x)
{
    if(s[x].parent< 0)
    /*s[x].parent 为负数时，说明 x 为该子集合的代表(即树根)*/
        return x;
    else
    /*使用了路径压缩，让查找路径上的所有顶点都指向了树根*/
        return s[x].parent = find(s[x].parent);
    /*return find(s[x].parent); 没有使用路径压缩*/
}
```

因为 find 得到的返回值是 x 结点的祖先下标，当得到 x 的祖先下标时，将祖先结点的下标直接赋值给 s[x].parent，使得 s[x].parent 指向更上层的祖先结点，即 s[x]的父结点变为更上层的结点。递归最终得到的返回值是根结点的下标，所以 s[x]的父结点变为根结点。

使 find 查找路径中经过的每个结点都直接指向树根可以改变树的分支高度，但不一定能改变树的全局高度。为了能更好地控制数的高度，还需要对合并操作进行改进。在合并之前，先判断一下哪棵子树更高，让矮的子树的根指向高的子树的根。除按高度合并之外，还可以按大小合并，即先判断一下哪棵子树含有的结点数目多，让较小的子树的根指向较大的子树的根。具体实现方法请查阅相关资料。

本 章 小 结

本章思维导图如图 5-34 所示。

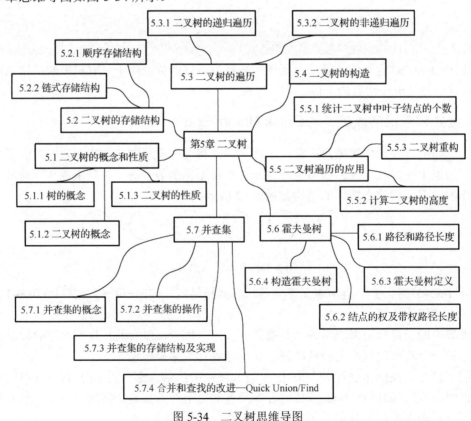

图 5-34   二叉树思维导图

本章主要讲述了树和二叉树的相关概念、二叉树的存储结构及其基本算法实现以及树的一种应用实例——并查集。

 小知识

霍夫曼

1951 年，霍夫曼在麻省理工学院(MIT)攻读博士学位，他和修读信息论课程的同学得选择是完成学期报告还是期末考试。导师罗伯特·法诺(Robert Fano)出的学期报告题目是：查找最有效的二进制编码。由于无法证明哪个已有编码是最有效的，霍夫曼放弃了对已有编码的研究，转向新的探索，最终发现了基于有序频率二叉树编码的想法，并很快证明了这个方法是最有效的。霍夫曼使用自底向上的方法构建二叉树，避免了次优算法香农-法诺编码(Shannon-Fano coding)的最大弊端——自顶向下构建树。

1952 年，霍夫曼于论文《一种构建极小多余编码的方法》(*A method for the construction of minimum-redundancy codes*)中发表了这个编码方法。

练 习 题

一、选择题

1. 二叉树的深度为 k，则二叉树最多有(　　)个结点。
   A. 2^k　　　　　　B. 2^{k-1}　　　　　　C. 2^k-1　　　　　　D. $2k-1$

2. 如图所示的 4 棵二叉树中，(　　)不是完全二叉树。

   A.　　　　　　B.　　　　　　C.　　　　　　D.

3. 由权值分别为 3、8、6、2、5 的叶子结点生成一棵霍夫曼树，它的带权路径长度为(　　)。
   A. 24　　　　　　B. 48　　　　　　C. 72　　　　　　D. 53

4. 对二叉树的结点从 1 开始进行连续编号，要求每个结点的编号大于其左、右孩子的编号，同一结点的左、右孩子中，其左孩子的编号小于其右孩子的编号，可采用(　　)次序的遍历实现编号。
   A. 先序　　　　　　　　　　　B. 中序
   C. 后序　　　　　　　　　　　D. 从根结点开始按层次遍历

5. 若二叉树采用二叉链表存储结构,要交换其所有分支结点左、右子树的位置,利用(　　)遍历方法最合适。
   A. 前序　　　　　B. 中序　　　　　C. 后序　　　　　D. 按层次

二、填空题

1. 对某二叉树进行先序遍历的结果为 ABDEFC，中序遍历的结果为 DBFEAC，则后序遍历的结果是_____。

2．利用树的孩子兄弟表示法存储，可以将一棵树转换为_____。

3．在一棵二叉树中，度为 1 的结点的个数是 n_1，度为 2 的结点的个数是 n_2，则度为 0 的结点的个数为_____。

4．若一个二叉树的叶子结点是某子树的中序遍历序列中的最后一个结点，则它必是该子树的_____序列中的最后一个结点。

5．二叉树中度为 0 的结点数为 30，度为 1 的结点数为 30，总结点数为_____。

三、综合应用题

根据二叉树的定义，具有三个结点的二叉树有 5 种不同的形态，请将它们分别画出。

四、编写算法

利用任意一种递归遍历算法计算二叉树的叶子结点总数。

```
structBinNode
{
    int data;
    BinNode*Lchild;
    BinNode*Rchild;
}
```

函数定义如下，请写出该函数。

```
int GetLeafNodesCount(BinNode *root){ }
```

上机实验题

1．建立一棵二叉树，用递归算法实现二叉树的遍历。

【题目描述】

建立一棵二叉树，用递归算法实现以下算法：

（1）输出二叉树的前序遍历、中序遍历、后序遍历、层次遍历的结果。

（2）统计二叉树的叶子结点个数。

（3）统计二叉树的结点个数。

（4）计算二叉树的深度。

（5）交换二叉树每个结点的左子树和右子数。

【输入】

二叉树的结点(按先序遍历或中序遍历或后序遍历顺序输入)

【输出】

二叉树先序遍历、中序遍历、后序遍历的结果

二叉树的叶子结点个数

二叉树的结点个数

二叉树的深度

左、右子树交换后的中序遍历结果

ABD##E#G##CF###（注：结点按先序遍历顺序输入，#代表空结点）

【样例输出】

ABDEGCF   DBEGAFC   DGEBFCA

3

7

4

CFAGEBD

2. 计算第 i 个结点所在的层数，以及这个结点到根结点经过的所有结点。

【题目描述】

给定完全二叉树的结点总数 N（N≤5000），对每个结点按从上到下、从左到右的顺序编号，根结点编号为 1，计算第 i 个结点所在的层数，以及这个结点到根结点经过的所有结点。

【输入】

N

i

【输出】

i 结点所在的层数

i 结点到根结点经过的所有结点

【样例输入】

500

100

【样例输出】

8

100 50 25 22 11 5 2 1

第6章 图

在 18 世纪，东普鲁士哥尼斯堡(今属立陶宛共和国)有一条大河，河中有两个小岛。全城被大河分割成四块陆地，河上架有七座桥，把四块陆地联系起来，如图 6-1 所示。当时许多市民都在思索一个问题：一个散步者能否从某一陆地出发，不重复地经过每座桥一次，最后回到原来的出发地。

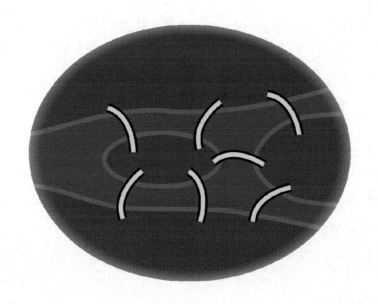

图 6-1　哥尼斯堡七桥

这就是历史上有名的哥尼斯堡七桥问题，本章介绍一种数据结构——图，在图的应用中，就有相应的算法来解决这样的问题。

6.1　图的定义

在线性表中，数据元素之间的关系是线性的，每个数据元素只有一个前驱和一个后继。在树形结构中，数据元素之间有着明显的层次关系，每个数据元素只有一个前驱但是可以有多个后继。可现实中，很多关系是不可以用简单的一对一、一对多能够表述的。这就是本章要研究的主题——图，图是一种较线性表和树更加复杂的数据结构。在图形结构中，结点之间的关系可以是任意的，图中任意两个数据元素之间都可能相关。

6.1.1　基本定义

图(graph)：图 G 由两个集合 V(G) 和 E(G) 所组成，记作 G=(V,E)，其中 V(G) 是图中顶点的非空有限集合，E(G) 是图中边的有限集合。

【例6.1】在图6-2中：

V(G) = {1,2,3,4,5,6,7,8}。

E(G) = { (1,2) , (1,7) , (1,8) , (2,3) , (2,5) , (3,4) , (5,6) , (5,7) , (5,8) , (6,7) }。

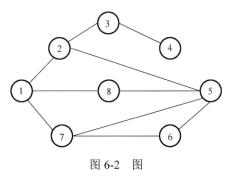

图6-2　图

无向边：若两个顶点 v_i 到 v_j 之间的边没有方向，则称这条边为无向边，用无序对 (v_i,v_j) 来表示。

无向图：若图中任意两个顶点之间的边都是无向边，称该图为无向图(undirected graphs)。

【例6.2】图6-3中的G1就是一个无向图，由于边是无方向的，连接顶点 A 与 B 的边，可以表示为无序对(A,B)，也可以写成(B，A)。图6-3中的无向图 G1 即可表示为 G1=(V, E)，其中：

顶点集合 V(G1)={A,B,C,D}。

边集合 E(G1)={(A,B),(A,C),(A,D),(C,D)}。

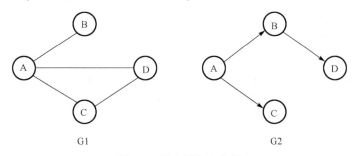

图6-3　无向图和有向图

有向边：若从顶点 v_i 到 v_j 的边有方向，则称这条边为有向边，也称为弧(arc)，用有序对 $<v_i,v_j>$ 来表示。

有向图：如果图中任意两个顶点之间的边都是有向边，称该图为有向图(directed graphs)。

【例6.3】图6-3中的G2就是一个有向图。连接顶点 A 与 B 的边就是有向边(弧)，B 是弧尾，A 是弧头，<A,B>表示有向边(弧)，注意不能写成<B,A>。对于图6-3中的有向图 G2 来说，G2=(V,E)，其中：

顶点集合 V(G2)={A,B,C,D}。

边集合 E(G2)={<A,B>,<A,C>,<B,D>}。

简单图：在图中，若不存在顶点到其自身的边(自环)，且任意两个结点之间无重复边(平行边)，则称这样的图为简单图。

需要注意的是：本课程讨论的都是简单图。

【例 6.4】图 6-4 所示的两个图就显然不是简单图。图 G1 中存在自环，图 G2 中存在平行边。

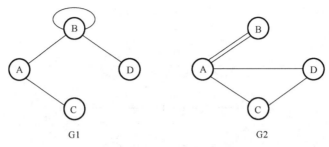

图 6-4　非简单图

无向完全图：在无向图中，如果任意两个顶点之间都存在边，则称该图为无向完全图。显然，含有 n 个顶点的无向完全图中存在 n(n–1)/2 条边，如图 6-5 所示。

有向完全图：在有向图中，如果任意两个顶点之间都存在方向相反的两条有向边(弧)，则称这样的图为有向完全图。显然，含有 n 个顶点的有向完全图中存在 n(n–1) 条边，如图 6-6 所示。

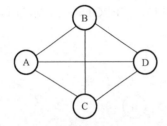 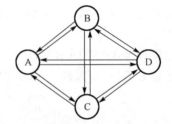

图 6-5　无向完全图　　　　　　　　　图 6-6　有向完全图

稀疏图和稠密图：当一个图中的边数接近完全图时，称为稠密图，反之，当一个图中的边数较少时，称为稀疏图。这里稀疏和稠密是模糊的概念，都是相对而言的。

子图：假设有两个图 G=(V,E) 和 G'=(V',E'})，如果 V'⊆V 且 E'⊆E，则称 G' 为 G 的子图 (subgraph)。

【例 6.5】图 6-7 中的 G2 为 G1 的子图；图 G3 不是图 G1 的子图。

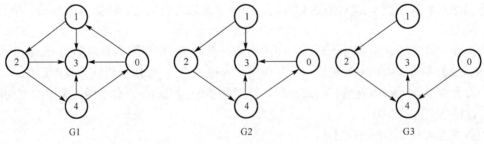

图 6-7　子图

权和网：图中的每一条边都可以附有一个相对应的数值，这种与边相关的数值称为权。权可以表示从一个顶点到另一个顶点的距离或耗费。边上带有权的图称为带权图(weighted graph)，也称作网(net)。图 6-8 就是一个带权图，即标识某些地区间直线距离的网，此图中的权就是两地之间的直线距离。

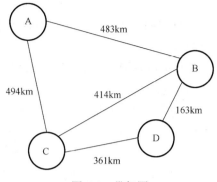

图 6-8　带权图

6.1.2　图的顶点与边间关系

邻接与关联：对于无向图 G=(V,E)，如果边(v,v')∈E，则称顶点 v 和 v'互为**邻接点**（adjacent），即 v 和 v'相邻接，或者说边(v,v')与顶点 v 和顶点 v'**关联**。

【例 6.6】在图 6-9 所示的无向图中，顶点 A 与顶点 B 互为邻接点，顶点 A 与边 e1 相关联。

对于有向图 G=(V,E)，如果边<v,v'>∈E，则称此边为顶点 v 的一条出边，同时是 v'的一条入边，v 为此边的起始端点(简称起点)，同时 v'为此边的终止端点(简称终点)，v 邻接到 v'。

【例 6.7】在图 6-10 所示的有向图中，顶点 B 邻接到顶点 A，顶点 B 为边 e1 的起点，顶点 A 为边 e1 的终点。

需要注意的是，顶点与顶点之间的关系称为邻接，而顶点与边的关系则称为关联。

度(degree)：在无向图中，与顶点 v 相关联的边的数目，称为顶点 v 的度数，记为 deg(v)。

【例 6.8】在图 6-9 中所示的无向图中，顶点 A 的度为 3。

在有向图中，以顶点 v 为起点的边的数目称为 v 的出度(outdegree)，记为 outdeg(v)；以顶点 v 为终点的边的数目称为 v 的入度(indegree)，记为 indeg(v)。

【例 6.9】在图 6-10 所示的有向图中，顶点 A 的入度为 2，出度为 1。

握手定理 1：设 G=(V,E)为任意无向图，顶点数|V|=n，边数|E|=m，则所有顶点的度数之和为 2m。

证明：无向图 G 中每条边(包括环)均有两个端点，所以在计算 G 中各顶点度数之和时，每条边均提供 2 度，当然，m 条边，共提供 2m 度。

【例 6.10】如图 6-9 所示，边数为 5，所有顶点度数之和为 3+2+3+2=10。

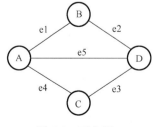

图 6-9　无向图

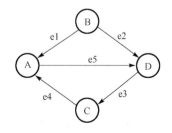

图 6-10　有向图

握手定理 2：设 G=(V,E) 为任意有向图，顶点数|V|=n，边数|E|=m，则所有顶点的度数和为 2m，且出度等于入度等于 m。

【**例 6.11**】如图 6-10 所示，此有向图有 5 条有向边，而各顶点的出度之和为 1+2+1+1=5，各顶点的入度之和为 2+0+1+2= 5。

无向图的路径：给定图 G=(V,E)，v_0 到顶点 v_k 的路径(path)是一个顶点序列$(v_0,v_i,\cdots,v_k)$，其中$(v_{i-1}, v_i)\in E$。

【**例 6.12**】如图 6-11 所示，顶点 B 到 C 有四条路径(粗线表示)。

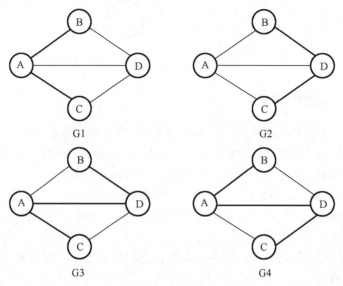

图 6-11　无向图的路径

有向图的路径：如果 G 是有向图，则路径也是有向的，顶点序列应满足$<v_{i-1}, v_i>\in E$。

【**例 6.13**】如图 6-12 所示，顶点 A 到 D 有两条路径(粗线表示)。而顶点 D 到 A，就不存在路径。

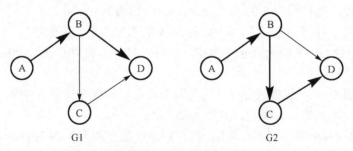

图 6-12　有向图的路径

路径长度：路径的长度是路径上的边或弧的数目。

【**例 6.14**】图 6-12 中的 G1 路径长度为 2，G2 路径长度为 3。

环路：第一个顶点到最后一个顶点相同的路径称为回路或环(cycle)。除第一个顶点和最后一个顶点之外，其余顶点不重复出现的回路，称为简单回路或简单环。

【**例 6.15**】图 6-13 的 G1 和 G2 中粗线标注的路径都构成环，两条路径的起点、终点都是 A。

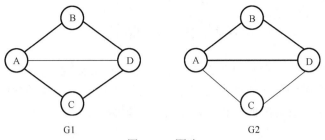

图 6-13 回路

6.1.3 连通图

连通图(connected graph):在无向图 G=(V,E)中,如果从顶点 v 到顶点 v'有路径,则称 v 和 v'是**连通**的。如果对于图中任意两个顶点 v_i、$v_j \in V$,v_i 和 v_j 都是连通的,则称 G 是连通图。

【**例 6.16**】图 6-14 的 G1 中,顶点 A 到顶点 B、C、D 都是连通的,但顶点 A 与顶点 E 或 F 不是连通的,因此该图不是连通图;G2 中,顶点 A、B、C、D 相互都是连通的,所以该图是连通图。

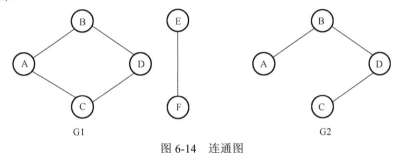

图 6-14 连通图

连通分量:无向图 G 的极大连通子图称为 G 的连通分量(connected component)。显然,连通图的连通分量只有一个,就是它自身。非连通的无向图有多个连通分量。

【**例 6.17**】图 6-14 的 G1 中有两个连通分量,顶点 A、B、C、D 及其关联边构成的子图和顶点 E、F 及其关联边构成的子图均是一个连通分量;G2 是连通图,故只有一个连通分量,就是它本身。

强连通:在有向图 G=<V,E>中,如果对于图中任意两个顶点 v_i、$v_j \in V$,v_i 到 v_j 和 v_j 到 v_i 都存在路径,则称 G 是强连通图。

弱连通:若有向图 G=<V,E>,将其有向边视为无向边之后对应的无向图是连通图,则称 G 是弱连通图。

【**例 6.18**】图 6-15 的 G1 为弱连通图,G2 为强连通图。

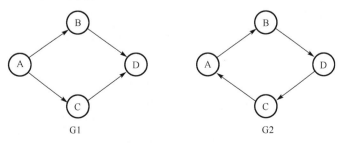

图 6-15 弱连通和强连通

6.2　图的存储结构

图的存储结构相较线性表与树要更加复杂，图的存储结构除要存储图的各个顶点本身的信息之外，还需要存储任意两个顶点之间的关系(边的信息)，常用的图的存储结构有邻接矩阵和邻接表，本节主要讨论图的两种存储结构及其算法设计。

6.2.1　邻接矩阵

图的邻接矩阵(adjacency matrix)用两个数组存储图，其中用一个一维数组存储图中顶点信息，用一个二维数组(称为邻接矩阵)存储图中的边的信息。

设图 G=(V,E) 有 n(n≥1) 个顶点，则 G 的邻接矩阵是如式(6-1)定义的 n 阶方阵：

$$arc[i][j] = \begin{cases} 1, & (v_i,\ v_j)或 < v_i,\ v_j >\in E(G) \\ 0, & 反之 \end{cases} \tag{6-1}$$

【例 6.19】图 6-16 中 G1 的邻接矩阵分别表示为

顶点数组：$vertex[] = \{v_0, v_1, v_2, v_3\}$

$$边数组：arc[][] = \begin{bmatrix} 0 & 1 & 1 & 1 \\ 1 & 0 & 1 & 0 \\ 1 & 1 & 0 & 1 \\ 1 & 0 & 1 & 0 \end{bmatrix}$$

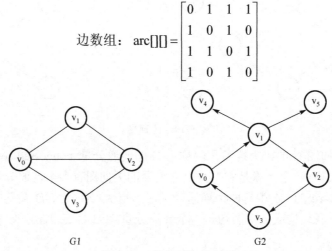

图 6-16　无向图和有向图

对于矩阵的主对角线的元素，即 arc[0][0]、arc[1][1]、arc[2][2]、arc[3][3]，其值全为 0，这是因为不存在顶点到自身的边，如 v_0 到 v_0。arc[1][0]=1 是因为 v_1 到 v_0 的边存在，而 arc[1][3]=0 是因为 v_1 到 v_3 的边不存在。另外，由于是无向图，v_1 到 v_3 的边不存在，意味着 v_3 到 v_1 的边也不存在。所以无向图的边数组是一个对称矩阵。

【例 6.20】图 6-16 中 G2 的邻接矩阵分别表示为

顶点数组：$vertex[] = \{v_0, v_1, v_2, v_3, v_4, v_5\}$

$$边数组：arc[][] = \begin{bmatrix} 0 & 1 & 0 & 0 & 0 & 0 \\ 0 & 0 & 1 & 0 & 1 & 1 \\ 0 & 0 & 0 & 1 & 0 & 0 \\ 1 & 0 & 0 & 0 & 0 & 0 \\ 0 & 0 & 0 & 0 & 0 & 0 \\ 0 & 0 & 0 & 0 & 0 & 0 \end{bmatrix}$$

顶点数组为 vertex[6]={ v_0, v_1, v_2, v_3, v_4, v_5}，边数组为 arc[6][6]矩阵。主对角线上数值依然为 0。但因为是有向图，所以此矩阵并不对称，例如，从 v_0 到 v_1 有有向边，得到 arc[0][1]=1，而 v_1 到 v_0 没有有向边，因此 arc[1][0]=0。

关于度数，顶点 v_1 的入度为 1，正好是第 1 列各数之和。顶点 v_1 的出度为 3，即第 1 行的各数之和。采用与无向图同样的办法，判断顶点 v_i 到 v_j 是否存在边，只需要查找矩阵中 arc[i][j]是否为 1 即可。要求 v_i 的所有邻接点就是将矩阵第 i 行元素扫描一遍，查找 arc[i][j] 为 1 的顶点。

对于带权图，这些权值就需要存下来。设图 G 是带权图，有 n 个顶点，则邻接矩阵是一个 n 阶方阵，定义如式(6-2)所示：

$$arc[i][j] = \begin{cases} W_{ij}, & (v_i, v_j)\text{或} <v_i, v_j> \in E(G) \\ 0, & i = j \\ \infty, & \text{其他情况} \end{cases} \tag{6-2}$$

∞表示一个计算机允许的、大于所有边上权值的值，也就是一个不可能的极限值，表示两个顶点之间没有连边。

【例 6.21】图 6-17 的邻接矩阵分别表示为

顶点数组： vertex[] = {0,1,2,3,4,5}

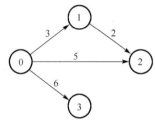

图 6-17 带权有向图

$$\text{边数组：} \quad arc[][] = \begin{bmatrix} 0 & 3 & 5 & 6 \\ \infty & 0 & 2 & \infty \\ \infty & \infty & 0 & \infty \\ \infty & \infty & \infty & 0 \end{bmatrix}$$

邻接矩阵的特点如下：

(1)图的邻接矩阵是唯一的。

(2)对于含有 n 个顶点的图，无论是有向图还是无向图，其存储空间总是 $O(n^2)$，与图中的边数无关，所以邻接矩阵特别适合存储边数较多的稠密图。

(3)对于无向图，邻接矩阵第 i 行或者第 i 列中元素之和为第 i 个顶点的度。

(4)对于有向图，邻接矩阵第 i 行的元素之和为第 i 个顶点的出度，第 i 列的元素之和为第 i 个元素的入度。

(5)在邻接矩阵中判断两个顶点是否邻接或者查看两个顶点之间边的度数的时间复杂度为 $O(1)$。

(6)对矩阵求 r 次幂，就可以求出任意两个顶点之间长度为 r 的路径的数量。

图的邻接矩阵存储的结构定义如下：

```
#define  MAXV  100
#define  INF   100000
struct Vertex
{   int number;                    /*顶点编号*/
    InfoType info;                 /*顶点其他信息*/
}
struct GraphMat                    /*图的定义*/
{   int edges[MAXV][MAXV];         /*邻接矩阵*/
```

```
    int n, e;                           /*顶点数，边数*/
    Vertex v[MAXV];                     /*存放顶点信息*/
}
```

6.2.2　邻接表

邻接矩阵是一种不错的图存储结构，但是也发现，对于边数相对顶点较少的图，这种结构是存在对存储空间的极大浪费的。例如，如果要处理图 6-18 所示的稀疏图，邻接矩阵中除了 arc[3][0] 有权值外，没有其他边，其实这些存储空间都浪费掉了。

因此考虑另外一种存储结构。顺序存储结构就存在预先分配内存可能造成存储空间浪费的问题，于是引出了链式存储结构。同样的，也可以考虑对边或弧使用链式存储的方式来避免空间浪费的问题。把这种数组与链表相结合的存储方法称为**邻接表**（adjacency list）。

在邻接表存储结构中，对于含有 n 个结点的图，为每个顶点建立一个单链表，第 i 个单链表中的结点表示顶点 i 的所有邻接点，也就是顶点 i 的所有邻接点构成一个单链表。

图中顶点用一个一维数组存储，在顶点数组中，每个数据元素还需要存储指向第一个邻接点的指针。

在邻接表中，存在两种结点：一种是头结点，显然，头结点的个数就是图中顶点的个数；另一种是边结点，也就是单链表中的结点。对于无向图，边结点的数量恰好是边数的两倍，对于有向图，边结点的数量等于边数。

【例 6.22】如图 6-20 所示的就是无向图 6-19 的邻接表结构。

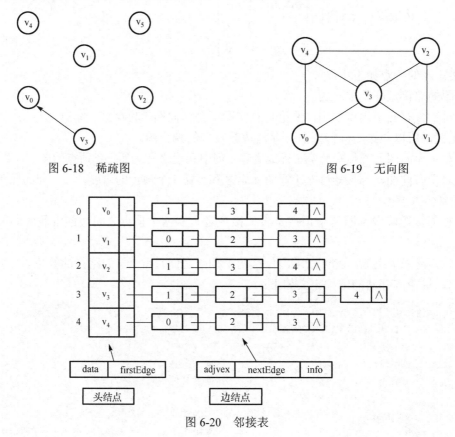

图 6-18　稀疏图　　　　　　　　　　图 6-19　无向图

图 6-20　邻接表

从图 6-20 中可以看出，在邻接表中头结点组成一个一维数组，数组长度恰好是图中顶点的个数。头结点由 data 和 firstEdge 两个域表示，data 是数据域，存储顶点的信息，firstEdge 是指针域，指向边表的第一个结点，即此顶点的第一个邻接点。边结点由 adjvex、nextEdge、info 三个域组成。adjvex 是邻接点域，存储某顶点的邻接点在顶点表中的下标。nextEdge 则存储指向边表中下一个结点的指针。例如，v_1 顶点与 v_0、v_2、v_3 互为邻接点，则在 v_1 的边表中，adjvex 分别为 v_0 的 0、v_2 的 2 和 v_3 的 3。info 则可以用来表示边的一些信息，图 6-20 所示的邻接表中没有 info 域。

在邻接表中，某个顶点的度，就是该顶点的边表中结点的个数。若要判断顶点 v_i 到 v_j 是否存在边，只需要测试顶点 v_i 的边表中 adjvex 是否存在结点 v_j 的下标 j 就可以。若求顶点的所有邻接点，其实就是对此顶点的边表进行遍历，得到的 adjvex 域对应的顶点就是邻接点。

对于有向图，邻接表结构是类似的，不同的是，邻接表的边表中只存放了以该顶点为起点的边，所以如果想找到指向某个顶点的边需要遍历整个邻接表。为此可以设计有向图的**逆邻接表**(inverse adjacency list)，就是建立一个邻接表，使其边表中的边均为指向该顶点的边。

【**例 6.23**】图 6-22 为图 6-21 的邻接表与逆邻接表。

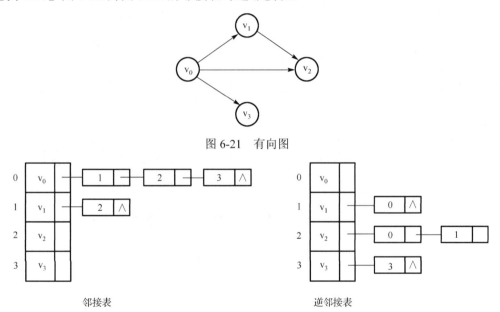

图 6-21　有向图

图 6-22　邻接表与逆邻接表

对于带权图，可以在边表结点定义中再增加一个 weight 的数据域，存储权值信息即可，如图 6-23 所示。

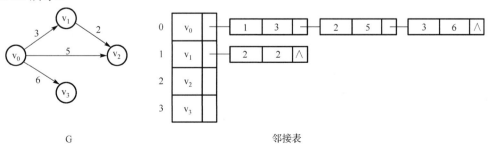

图 6-23　带权图邻接表

邻接表的特点如下：

(1)邻接表不唯一，这是由于边的输入次序可以是任意的。

(2)对于有 n 个顶点和 m 条边的无向图，其邻接表中有 n 个头结点和 2m 个边结点，对于有向图，其邻接表中有 n 个头结点和 m 个边结点，显然对于稀疏图，邻接表存储空间更有优势。

(3)对于无向图，邻接表中顶点 i 对应的第 i 个单链表的边结点数为顶点 i 的度。

(4)对于有向图，邻接表中顶点 i 对应的第 i 个单链表的边结点数为顶点 i 的出度。

(5)在邻接表中，查找顶点 i 管理的所有边的效率非常高。

图的邻接表存储的结构定义如下：

```
#define  MAXV  100
#define  INF   100000
struct EdgeNode
{    int adjvex;                      /*该边的终点编号*/
     struct EdgeNode *nextEdge;       /*指向下一条边的指针*/
     int weight;                      /*该边的权值等信息*/
}
struct Vnode
{   InfoType data;                    /*顶点信息*/
    EdgeNode *firstEdge;              /*指向第一条边*/
}
struct AdjGraph
{   struct Vnode adjlist[MAXV] ;      /*邻接表*/
    int n, e;                         /*图中顶点数 n 和边数 e*/
}
```

6.3 图的创建、输出及删除

创建图、输出图、删除图是图的最基本的算法，本节将分别对邻接矩阵和邻接表讨论其相关的算法设计。

6.3.1 创建图

对于无向图的邻接矩阵，输入相应的边，将其存放在邻接矩阵中的相应位置即可，需要注意的是，因为是无向图，所以每条边需要存储两次，代码实现如下：

```
void CreateGraph(GraphMat *&G)       /*创建无向图的邻接矩阵*/
{
    int n,e;
    int i,j,from,to,weight;
    G=(GraphMat *)malloc(sizeof(GraphMat));
    printf("请输入点数: \n");
    scanf("%d",&n);
    printf("请输入边数: \n");
```

```
    scanf("%d",&e);
    for(i=0;i<n;i++)
    {
        for(j=0;j<n;j++)
        {
            if(i==j)
                G->edges[i][j] = 0 ;
            else
                G->edges[i][j] = INF ;
        }
    }
    for (i=0;i<e;i++)                    /*输入边信息*/
    {
        printf("请输入第%d条边的起点、终点、权重:\n",i);
        while(true)
        {
            scanf("%d %d %d",&from,&to,&weight);
            if(from>=0&&from<n&&to>=0&&to<n)
                break;
        }
        G->edges[from][to] = weight ;
        G->edges[to][from] = weight ;
    }
    G->n=n; G->e=e;
}
```

【算法 6.1　创建无向图(邻接矩阵)】

对于有向图的邻接矩阵存储来说，每条边只需要存储一次，只需将上述代码中的 G->edges[to][from] = weight;删除即可。

对于有向图的邻接表存储，输入相应的边，将其插入该边起点对应的头结点的链表中即可，代码实现如下：

```
void CreateGraph(AdjGraph *&G)              /*创建有向图的邻接表*/
{
    int n,e;
    int i,from,to,weight;
    struct EdgeNode *p;
    G=(AdjGraph *)malloc(sizeof(AdjGraph));
    printf("请输入点数：\n");
    scanf("%d",&n);
    printf("请输入边数：\n");
    scanf("%d",&e);
```

```
    for (i=0;i<n;i++)
     /*给邻接表中所有头结点的指针域置初值*/
        G->adjlist[i].firstEdge=NULL;


    for (i=0;i<e;i++)                    /*检查邻接矩阵中的每个元素*/
    {
        printf("请输入第%d条边的起点、终点、权重:\n",i);
        while(true)
        {
            scanf("%d %d %d",&from,&to,&weight);
            if(from>=0&&from<n&&to>=0&&to<n)
                break;
        }
        p=(EdgeNode *)malloc(sizeof(EdgeNode));
                    /*创建一个EdgeNode结点p*/
        p->adjvex = to;                  /*存放邻接点*/
        p->weight = weight;              /*存放权*/
        p->nextEdge=G->adjlist[from].firstEdge;
                                /*采用头插法插入结点p*/
        G->adjlist[from].firstEdge=p;
    }
    G->n=n; G->e=e;
}
```

【算法 6.2　创建有向图(邻接表)】

无向图的邻接表存储实现方式和有向图类似，只需将一条无向边看成不同方向的两条有向边即可。

6.3.2　输出图

对于邻接矩阵存储的图而言，打印出邻接矩阵即可达到输出图的目的，代码如下：

```
void DispGraph(GraphMat *G)           /*输出邻接矩阵G */
{   int i,j;
    for(i=0;i<G->n;i++)
    {
        for(j=0;j<G->n;j++)
        {
            if(G->edges[i][j]==INF)
                printf("∞ ");
            else
                printf("%d    ",G->edges[i][j]);
        }
```

```
        printf("\n");
    }
}
```

【算法 6.3　输出图（邻接矩阵）】

对于邻接表存储的图而言，需要打印出每一个结点的边表，代码如下：

```
void dispGraph(AdjGraph *graph)                /*输出邻接表*/
{   int i;
    EdgeNode *pEdgeNode;
    if(graph == NULL)
    {
    printf("图为空！\n");
    return;
    }
    for (i=0; i<graph->nodeNum; i++)
    {   pEdgeNode = graph->adjlist[i].firstEdge;
        printf("%3d: ",i);
        while (pEdgeNode != NULL)
        {   printf("%3d[%d]→", pEdgeNode->adjvex, pEdgeNode->weight);
            pEdgeNode = pEdgeNode->nextEdge;
        }
    printf("\n");
    }
    return;
}
```

【算法 6.4　输出图（邻接表）】

6.3.3　删除图

对于邻接矩阵存储的图来说，只需要删除该邻接矩阵即可，代码如下：

```
void deleteGraph(GraphMat *&G)
{
    delete G;
}
```

【算法 6.5　删除图（邻接矩阵）】

对于邻接表存储的图来说，在删除图时，需要逐个删除每一条边，然后删除头结点数组，代码如下：

```
void deleteGraph(AdjGraph *&G)                 /*删除有向图的邻接表*/
{
    int i;
```

```
    struct EdgeNode *p;
    struct EdgeNode *q;
    for(int i=0;i<G->n;i++)
    {
    p=G->adjlist[i].firstEdge;
    while(p!=NULL)
    {
        q=p;
        p = p->nextEdge;
        delete q;
        }
     }
    delete G;
    return;
}
```

【算法 6.6　删除图（邻接表）】

本小节所有算法均在 Dev-C++5.8.3 环境中调试通过，完整代码如下。

邻接矩阵：

```
#include<stdio.h>
#include<stdlib.h>
#define  MAXV  100
#define  INF   100000
typedef int InfoType;
struct Vertex
{   int number;                          /*顶点编号*/
    InfoType info;                       /*顶点其他信息*/
}

struct GraphMat                          /*图的定义*/
{   int edges[MAXV][MAXV];               /*邻接矩阵*/
    int nodeNum, edgeNum;                /*顶点数，边数*/
    Vertex v[MAXV];                      /*存放顶点信息*/
}

void createGraph(GraphMat *&graph)       /*创建无向图的邻接矩阵*/
{
    int nodeNum, edgeNum;
    int start, end, weight;
    int i, j;
    if(graph != NULL)
    {
        printf("图已经存在！\n");
        return;
    }
    graph = (GraphMat *)malloc(sizeof(GraphMat));
    printf("请输入点数：\n");
```

```
        scanf("%d", &nodeNum);
        printf("请输入边数: \n");
        scanf("%d", &edgeNum);
        for(i=0; i<nodeNum; i++)
        {

            for(j=0; j<nodeNum; j++)
                graph->edges[i][j] = 0 ;

            /*下面注释中为带权的无向图的初始化 */
            /*{
                if(i == j)
                    graph->edges[i][j] = 0 ;
                else graph->edges[i][j] = INF ;
            }*/
        }
        for (i=0; i<edgeNum; i++)            /*输入边信息*/
        {
            printf("请输入第%d 条边的起点、终点、权重:\n",i);
            while(true)
            {
                scanf("%d %d %d", &start, &end, &weight);
                if(start>=0 && start<nodeNum && end>=0 && end<nodeNum)
                {
                    break;
                }
                printf("边信息错误，请重新输入! \n") ;
            }
            graph->edges[start][end] = weight ;
            //graph->edges[end][start] = weight ;
        }
        graph->nodeNum = nodeNum;
        graph->edgeNum = edgeNum;
    return;
}

void dispGraph(GraphMat *graph)              /*输出邻接矩阵*/
{   int i, j;
    if(graph == NULL)
    {
        printf("图为空! \n");
        return;
    }
    for(i=0; i<graph->nodeNum; i++)
    {
        for(j=0; j<graph->nodeNum; j++)
        {
            if(graph->edges[i][j] == INF)
                printf("∞\t");
```

```
            else
                printf("%d\t", graph->edges[i][j]);
        }
        printf("\n");
    }
    return;
}

void deleteGraph(GraphMat *&graph)
{
    if(graph == NULL)
    {
        printf("图为空! \n");
        return;
    }
    free(graph);
    graph = NULL;
    return;
}

int main()
{   GraphMat *graph = NULL;
    createGraph(graph);
    dispGraph(graph);
    deleteGraph(graph);
    return 0;
}
```

执行结果如图 6-24 和图 6-25 所示。

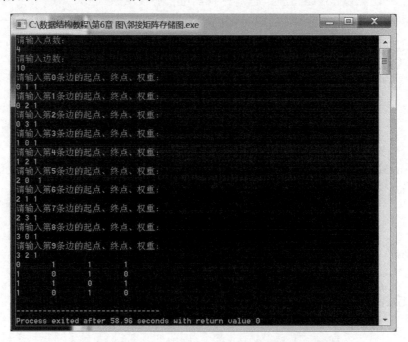

图 6-24　无向图邻接矩阵存储图的基本操作执行过程

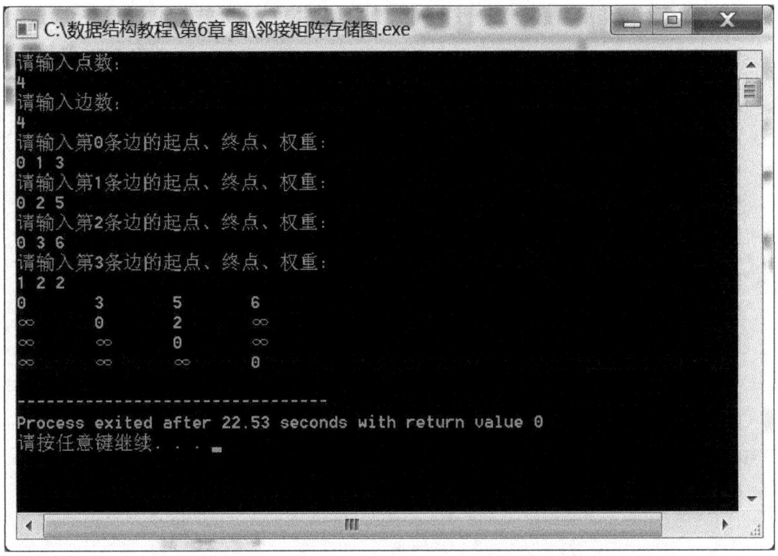

图 6-25 带权有向图邻接矩阵存储图的基本操作执行过程

邻接表：

```
#include<stdio.h>
#include<stdlib.h>
#include<queue>
#define  MAXV  100
#define  INF  100000
typedef  int InfoType;
struct EdgeNode
{   int    adjvex;                        /*该边的终点编号*/
    struct EdgeNode *nextEdge;            /*指向下一条边的指针*/
    int    weight;                        /*该边的权值等信息*/
}

struct Vnode
{   InfoType data;                        /*顶点信息*/
    EdgeNode *firstEdge;                  /*指向第一条边*/
}

struct AdjGraph
{   struct Vnode adjlist[MAXV];           /*邻接表*/
    int nodeNum, edgeNum;                 /*图中顶点数和边数*/
}

void createGraph(AdjGraph *&graph)        /*创建有向图的邻接表*/
{

    int nodeNum, edgeNum;
    int i;
    int start, end, weight;
```

```c
    struct EdgeNode *pEdgeNode;
    if(graph != NULL)
    {
    printf("图已经存在! \n");
    return;
    }
    graph=(AdjGraph *)malloc(sizeof(AdjGraph));
    printf("请输入点数: \n");
    scanf("%d", &nodeNum);
    printf("请输入边数: \n");
    scanf("%d", &edgeNum);
    for (i=0; i<nodeNum; i++)
        graph->adjlist[i].firstEdge = NULL;
    for (i=0; i<edgeNum; i++)
    {
        printf("请输入第%d条边的起点、终点、权重:\n",i);
        while(true)
        {
            scanf("%d %d %d", &start, &end, &weight);
            if(start>=0 && start<nodeNum && end>=0 && end<nodeNum)
            {
                break;
            }
            printf("边信息错误，请重新输入! \n");

        }
        pEdgeNode=(EdgeNode *)malloc(sizeof(EdgeNode));
        pEdgeNode->adjvex = end;              /*存放邻接点*/
        pEdgeNode->weight = weight;           /*存放权*/
        pEdgeNode->nextEdge = graph->adjlist[start].firstEdge;
                                              /*采用头插法插入结点 p*/
        graph->adjlist[start].firstEdge = pEdgeNode;
    }
        graph->nodeNum = nodeNum;
        graph->edgeNum = edgeNum;
    return;
}

void deleteGraph(AdjGraph *&graph)            /*创建有向图的邻接表*/
{
    int i;
    struct EdgeNode *pEdgeNode;
    struct EdgeNode *qEdgeNode;
    if(graph == NULL)
    {
    printf("图为空! \n");
```

```
        return;
    }
    for(i=0; i<graph->nodeNum; i++)
    {
        pEdgeNode = graph->adjlist[i].firstEdge;
        while(pEdgeNode != NULL)
        {
            qEdgeNode = pEdgeNode;
            pEdgeNode = pEdgeNode->nextEdge;
            free(qEdgeNode);
            qEdgeNode = NULL;
        }
    }
    free(graph);
    graph = NULL;
    return;
}

void dispGraph(AdjGraph *graph)                 /*输出邻接表*/
{   int i;
    EdgeNode *pEdgeNode;
    if(graph == NULL)
    {
    printf("图为空! \n");
    return;
    }
    for (i=0; i<graph->nodeNum; i++)
    {  pEdgeNode = graph->adjlist[i].firstEdge;
        printf("%3d: ",i);
        while (pEdgeNode != NULL)
        {   printf("%3d[%d]→", pEdgeNode->adjvex, pEdgeNode->weight);
            pEdgeNode = pEdgeNode->nextEdge;
        }
    printf("\n");
    }
    return;
}

int main()
{   AdjGraph *graph = NULL;
    createGraph(graph);
    dispGraph(graph);
    deleteGraph(graph);
    return 0;
}
```

执行过程如图 6-26 所示。

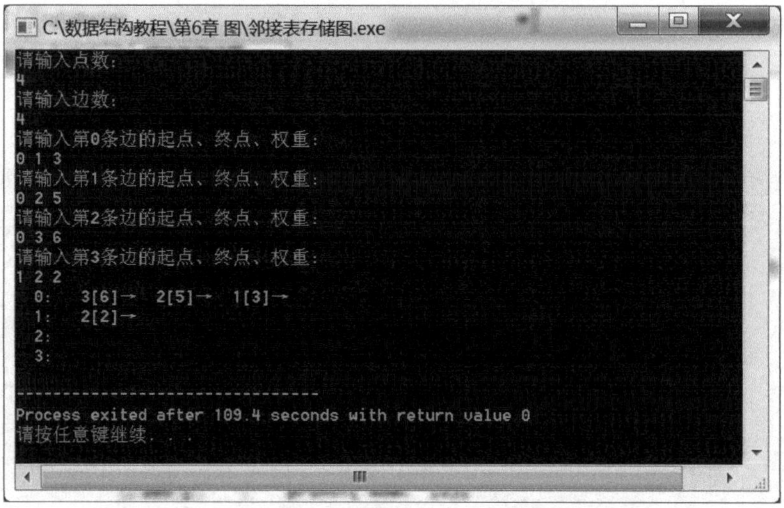

图 6-26　邻接表存储图的基本操作执行过程

6.4　图的遍历

图的遍历是指从图中的任一顶点出发，对图中的所有顶点访问一次且只访问一次，如果给定的图是连通无向图或者强连通的有向图，则遍历过程一次就能完成，并可按照访问的先后顺序得到该图所有结点构成的一个序列。

图的遍历操作和树的遍历操作功能类似，都是按照一定的规则得到包含所有顶点的一个序列，图的遍历是图的一种基本操作，图的其他算法如求解图的连通性、求拓扑排序、求关键路径等问题都建立在遍历算法的基础之上。

由于图结构本身的复杂性，所以图的遍历操作也较复杂，主要表现在以下四个方面。

(1)在图结构中，没有一个"自然"的首结点，图中任意一个顶点都可作为第一个被访问的结点。

(2)在非连通图中，从一个顶点出发，只能够访问它所在的连通分量上的所有顶点，因此，还需考虑如何选取下一个出发点以访问图中其余的连通分量。

(3)在图中，如果有回路存在，那么一个顶点被访问之后，有可能沿回路又回到该顶点。

(4)在图中，一个顶点可以和其他多个顶点相连，当这样的顶点访问过后，存在如何选取下一个要访问的顶点的问题。

根据搜索方法不同，图的遍历通常有深度优先遍历和广度优先遍历两种方式。

6.4.1　深度优先遍历

深度优先遍历(depth first search，DFS)类似于树的先根遍历，是树的先根遍历的推广。深度优先遍历的过程是在图 G 中任选一顶点 v 作为初始出发点(源点)，首先访问出发点 v，并将其标记为已访问过；然后依次从 v 出发搜索 v 的每个邻接点 w。若 w 未曾访问过，则以 w 为新的出发点继续进行深度优先遍历，直至图中所有和源点 v 有路径相通的顶点均已被访问。若此时图中仍有未访问的顶点(非连通图)，则另选一个尚未访问的顶点作为新的源点重复上述过程，直至图中所有顶点均已被访问。

【例 6.24】如图 6-27 中的 G1 所示，先选取 v_0 顶点作为搜索的起始点。顶点 v_0 的相邻顶点分别是 v_1、v_3，沿着它的一个相邻顶点往下走，这里选择 v_1。当走到顶点 v_1 时，它有三个相邻顶点 v_0、v_2、v_3，此时 v_0 已经被访问，所以沿着它的一个相邻顶点往下走到 v_2，v_2 只有一个相邻顶点 v_1，且 v_1 已被访问过，所以无法继续往下遍历下去，此时需要原路返回上层顶点 v_1，v_1 有三个相邻顶点 v_0、v_2、v_3，因 v_0、v_2 已被访问，所以沿着它的一个相邻顶点往下走到 v_3，v_3 的相邻顶点 v_1、v_0 均已经被访问过，原路返回上层 v_1，v_1 的三个相邻顶点 v_0、v_2、v_3 也均已经被访问，再返回上层 v_0，v_0 的相邻顶点 v_1、v_3 被访问过，至此，所有顶点均被访问，结束。图 6-27 中的 G2 为上述遍历过程留下来的一棵遍历树。

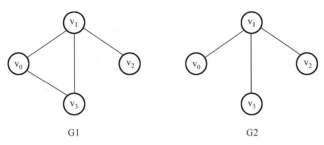

图 6-27　深度优先遍历

对于有 n 个顶点、e 条边的图来说，由于邻接矩阵是二维数组，要查找每个顶点的邻接点需要访问矩阵中的所有元素，因此都需要 $O(n^2)$ 的时间。而邻接表作为存储结构时，找邻接点所需的时间取决于顶点和边的数量，所以需要的时间是 $O(n+e)$。显然对于点多边少的稀疏图来说，邻接表结构使得算法的时间效率大大提高。对于有向图而言，算法上没有变化，是完全可以通用的。邻接表 DFS 代码实现如下：

```
int visited[MAXV];
void DFS(AdjGraph *G, int s)          /*邻接表深度优先遍历*/
{   visited[s]=1;                     /*置已访问标记*/
    printf("%d  ",s);                 /*输出被访问顶点的编号*/
    EdgeNode * p=G->adjlist[s].firstEdge;
    for(; p!=NULL; p = p->nextEdge)
    {   int v = p->adjvex;
        if (visited[v]==0)
            DFS(G,v);                 /*若 v 顶点未访问，递归访问它*/
    }
}
```

【算法 6.7　DFS（邻接表）】

6.4.2　广度优先遍历

广度优先遍历（breadth first search）简称 BFS，广度优先遍历类似于树的按层次遍历的过程。

假设从图中某顶点 v 出发，在访问了 v 之后依次访问 v 的各个未曾访问过的邻接点，然后分别从这些邻接点出发依次访问它们的邻接点，并使"先被访问的顶点的邻接点"先于"后被访问的顶点的邻接点"被访问，直至图中所有已被访问的顶点的邻接点都被访问到。若此时图中尚有顶点未被访问，则另选图中一个未曾被访问的顶点作起始点，重复上述过程，直至图中所有顶点都被访问到。换言之，广度优先遍历图的过程中以 v 为起始点，由近至远，依次访问和 v 有路径相通且路径长度为 1,2,…的顶点。

【例 6.25】将图 6-28 中的 G1 稍微变形，变形原则是顶点 A 放置在最上第一层，让与之邻接的顶点 B、C、D 为第二层，再让与 B、C、D 邻接的顶点 E、F、G 为第三层，再将这三个顶点有边的 H、I 放在第四层，如图 6-28 中的 G2 所示。此时在视觉上感觉图的形状发生了变化，其实顶点和边的关系还是完全相同的。

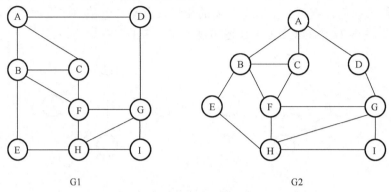

G1   G2

图 6-28 广度优先遍历

以下是邻接表结构的广度优先遍历算法：

```
int visited[MAXV];
void BFS(AdjGraph *G, int  s)          /*邻接表广度优先遍历*/
{   queue<int> Q;                      /*定义环形队列指针*/
    printf("%2d",s);
    visited[s] = 1;
    Q.push(s);
    while (!Q.empty())
    {   int v = Q.front();
        Q.pop();
        EdgeNode * p=G->adjlist[v].firstEdge;
        for (; p != NULL; p = p->nextEdge)
        {   if (visited[p->adjvex] == 0)
            {   printf("%2d",p->adjvex);
                visited[p->adjvex]=1;
                Q.push(p->adjvex);
            }
        }
    }
}
```

【算法 6.8 BFS(邻接表)】

无论是图深度优先遍历还是广度优先遍历算法，它们在时间复杂度上是一样的，不同之处仅仅在于对顶点访问的顺序不同。可见两者在全图遍历上是没有优劣之分的，只要视不同的情况选择不同的算法即可。

本小节所有算法均在 Dev-C++5.8.3 环境中调试通过，完整代码如下：

```
#include<stdio.h>
#include<stdlib.h>
```

```
#define  MAXV  100
#define INF  100000
typedef  int InfoType;
int visitedBfs[MAXV];
int visitedDfs[MAXV];

#define FALSE 0
#define DONE 1

#define maxsize  100
#define elemtype int
/*自定义队列存储单元的类型为 elemtype，本例定义为 int*/

typedef struct
{
    elemtype elem[maxsize];                /*元素数组*/
    int front;
    int rear;                              /*队头指针和队尾指针*/
}SqQueue;

void QueueInit(SqQueue *q)
/*队列的初始化*/
{
    q->front = q->rear = 0;
}

int QueueEmpty(SqQueue *q)                 /*判断队列是否为空*/
{
    if (q->front == q->rear)
        return DONE;
    return FALSE;
}

int QueueFull(SqQueue *q)
{
    if (q->rear + 1 == q->front || (q->rear + 1 >= maxsize && q->front == 0))
        return DONE;
     else return FALSE;
}

int EnQueue(SqQueue *q, elemtype x)      /*进队列*/
{
    if (QueueFull(q))                      /*队列已经满了*/
        return FALSE;
    q->elem[q->rear] = x;
    if (q->rear + 1 >= maxsize)            q->rear = 0;
/*当 q->rear 指向队列容器的末尾且队列未满时，q->rear 指向容器的开始*/
     else q->rear++;                       /*重新设置队尾指针*/
    return DONE;                           /*操作成功*/
}
```

```
int DeQueue(SqQueue *q, elemtype *x)        /*出队列*/
{
    if (QueueEmpty(q))                      /*队列为空*/
        return FALSE;
    *x=q->elem[q->front];
    if (q->front + 1 >= maxsize)
        q->front = 0;
    /*当 q->front 指向队列容器的末尾且队列未空时，q->front 指向容器的开始*/
    q->front++;                             /*重新设置队头指针*/
    return DONE;                            /*操作成功*/
}

struct EdgeNode
{   int adjvex;                             /*该边的终点编号*/
    struct EdgeNode *nextEdge;              /*指向下一条边的指针*/
    int weight;                             /*该边的权值等信息*/
}

struct Vnode
{   InfoType data;                          /*顶点信息*/
    EdgeNode *firstEdge;                    /*指向第一条边*/
}

struct AdjGraph
{   struct Vnode adjlist[MAXV] ;            /*邻接表*/
    int nodeNum, edgeNum;                   /*图中顶点数和边数*/
}

void createGraph(AdjGraph *&graph)          /*创建有向图的邻接表*/
{

    int nodeNum, edgeNum;
    int i;
    int start, end, weight;
    struct EdgeNode *pEdgeNode;
    if(graph != NULL)
    {
        printf("图已经存在! \n");
        return;
    }
    graph=(AdjGraph *)malloc(sizeof(AdjGraph));
    printf("请输入点数: \n");
    scanf("%d", &nodeNum);
    printf("请输入边数: \n");
    scanf("%d", &edgeNum);
    for (i=0; i<nodeNum; i++)
        graph->adjlist[i].firstEdge = NULL;
    for (i=0; i<edgeNum; i++)
    {
```

```
        printf("请输入第%d条边的起点、终点、权重:\n",i);
        while(true)
        {
            scanf("%d %d %d", &start, &end, &weight);
            if(start>=0 && start<nodeNum && end>=0 && end<nodeNum)
            {
                break;
            }
            printf("边信息错误，请重新输入! \n") ;
        }
        pEdgeNode = (EdgeNode *)malloc(sizeof(EdgeNode));
        pEdgeNode->adjvex = end;                    /*存放邻接点*/
        pEdgeNode->weight = weight;                 /*存放权*/
        pEdgeNode->nextEdge = graph->adjlist[start].firstEdge;
                                                    /*采用头插法插入结点p*/
        graph->adjlist[start].firstEdge = pEdgeNode;
    }
    graph->nodeNum = nodeNum;
    graph->edgeNum = edgeNum;
    return;
}

void dfs(AdjGraph *&graph, int start)              /*邻接表深度优先遍历*/
{   int visit;

    struct EdgeNode * pEdgeNode;
    if(graph == NULL)
    {
        printf("图为空! \n");
        return;
    }
    visitedDfs[start] = 1;                          /*置已访问标记*/
    printf("%2d", start);                           /*输出被访问顶点的编号*/
    pEdgeNode = graph->adjlist[start].firstEdge; /*p指向顶点v的第一条边的结点*/
    for(; pEdgeNode != NULL; pEdgeNode=pEdgeNode->nextEdge)
    {   visit = pEdgeNode->adjvex;
        if (visitedDfs[visit] == 0)
            dfs(graph, visit);                      /*v顶点未访问，递归访问它*/
    }
    return;
}
void bfs(AdjGraph *&graph, int start)              /*邻接表广度优先遍历*/
{   int visit;
    struct EdgeNode * pEdgeNode;
    SqQueue bfsQueue;                               /*定义环形队列指针*/
    QueueInit(&bfsQueue);
    if(graph == NULL)
    {
        printf("图为空! \n");
        return;
```

```
    }
    printf("%2d", start);
    visitedBfs[start] = 1;
    EnQueue(&bfsQueue, start);
    while (!QueueEmpty(&bfsQueue))
    {
        DeQueue(&bfsQueue,&visit);
        pEdgeNode = graph->adjlist[visit].firstEdge;
        for (; pEdgeNode != NULL; pEdgeNode=pEdgeNode->nextEdge)
        {   if (visitedBfs[pEdgeNode->adjvex] == 0)
            {   printf("%2d", pEdgeNode->adjvex);
                visitedBfs[pEdgeNode->adjvex] = 1;
                EnQueue(&bfsQueue, pEdgeNode->adjvex);
            }
        }
    }
    return;
}
int main()
{   AdjGraph* graph = NULL;
    createGraph(graph);
    printf("\n BFS:\n");
    bfs(graph, 0);
    printf("\n DFS:\n");
    dfs(graph, 0);

    return 0;
}
```

DFS 和 BFS 执行过程如图 6-29 所示。

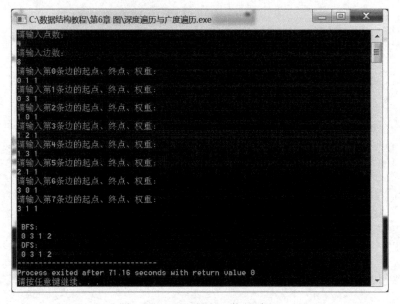

图 6-29　DFS 和 BFS 执行过程

6.5 最小生成树

假设你是交通规划师,需要为一个镇的 6 个村庄实现村村通公路,村庄位置大致如图 6-30 所示,其中顶点 v_0~v_5 表示村庄,边的权重表示村与村间修路的成本, 如 v_0 至 v_3 就是 500 万元(个别如 v_0 与 v_5、v_3 与 v_4,未测算距离是因为有高山或湖泊,不予考虑)。学习完本节或许就能找到答案。

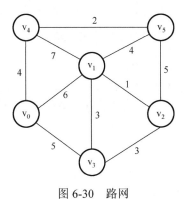

图 6-30　路网

6.5.1　生成树的概念

生成树:连通图 G 的某一无环连通子图 T 若覆盖了 G 中的所有顶点,则称 T 为 G 的一棵生成树。

【**例 6.26**】如图 6-31 所示的两个图均为图 6-30 的生成树。

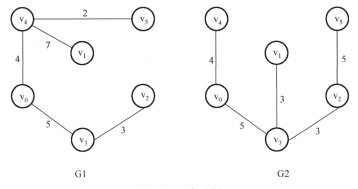

G1　　　　　　　　　　　G2

图 6-31　生成树

显然, 就保留原图中边的数目而言, 生成树既是极大无环图, 也是极小连通图。一幅图的生成树并不唯一, 但是一棵含有 n 个顶点的图的生成树中边的数量必然为 n–1。

6.5.2　最小生成树的概念

最小生成树:若图 G 为带权图, 则每一棵生成树的成本即其所有边的权重总和, 在 G 的所有生成树中, 成本(权重之和)最低者称为**最小生成树**。

【**例 6.27**】如图 6-32 所示的两个图均为图 6-30 的最小生成树。

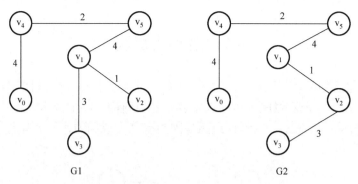

图 6-32　最小生成树

显然，最小生成树必然存在，且不唯一。

聚类分析、网络架构设计等诸多实际问题，都可转换并描述为最小生成树的问题。在这些应用中，边的权重大多对应于某种可量化成本，因此作为对应优化问题的基本模型，最小生成树的价值不言而喻。

6.5.3　蛮力算法

由最小生成树的定义可知蛮力算法大致如下：逐一考察所有生成树并统计其成本，然后挑出其中成本最低者即可。根据 Cayley 公式，由 n 个互异顶点组成的完全图共有 n^{n-2} 棵生成树，即使忽略掉构建所有生成树的成本，至少也需要 $O(n^{n-2})$ 的时间复杂度。

6.5.4　普里姆(Prim)算法

Prim 算法 1957 年由美国计算机科学家罗伯特·普里姆独立发现，1959 年，艾兹格·W.迪科斯彻再次发现了该算法。因此，在某些场合，普里姆算法又称为 DJP 算法、亚尔尼克算法或普里姆-亚尔尼克算法。它的每一步都为树添加一条边。每一次都将下一条边加入树中，新加入的边满足：连接树中顶点和不在树中顶点，并且权重最小的边加入树中，基本思想如下。

对于图 G 而言，V 是所有顶点的集合。现在设置两个新的集合 U 和 T，其中 U 用于存放 G 的最小生成树中的顶点，T 存放 G 的最小生成树中的边。从所有 u∈U、v∈(V−U)的边中选取权值最小的边(u, v)，将顶点 v 加入集合 U 中，将边(u, v)加入集合 T 中，如此不断重复，直到 U = V，最小生成树构造完毕，这时集合 T 中包含了最小生成树的所有边。

【例 6.28】对于图 6-33 所示的无向连通带权图，算法执行过程如下，粗线边表示 T 中的边，即已经加入最小生成树中的边。

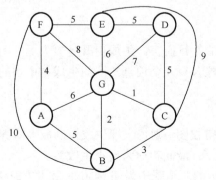

图 6-33　无向连通带权图

第一步，选取 A 为起始点；U={A}；V−U={B,C,D,E,F,G}。

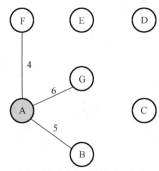

第二步，考察集合 U 和 V−U 之间的所有连边；选择最短的边 AF 加入 T 中；并将点 F 随即加入集合 U 中；此时，U={A,F}；V−U={B,C,D,E,G}。

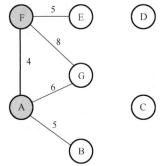

第三步，考察集合 U 和 V−U 之间的所有连边；选择最短的边 AB 加 T 中；并将点 B 随即加入集合 U 中；此时，U={A,B,F,}；V−U={C,D,E,G}。

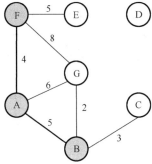

第四步，考察集合 U 和 V−U 之间的所有连边；选择最短的边 BG 加入 T 中；并将点 G 随即加入集合 U 中；此时，U={A,B,F,G}；V−U={C,D,E}。

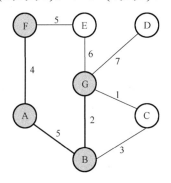

第五步，考察集合 U 和 V–U 之间的所有连边；选择最短的边 GC 加入 T 中；并将点 C 随即加入集合 U 中；此时，U={A,B,C,F,G}；V–U={D,E}。

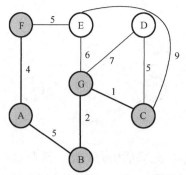

第六步，考察集合 U 和 V–U 之间的所有连边；选择最短的边 CD 加入 T 中；并将点 D 随即加入集合 U 中；此时，U={ A,B,C,D,F,G}；V–U={E}。

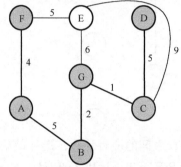

第七步，考察集合 U 和 V–U 之间的所有连边；选择最短的边 FE 加入 T 中；并将点 E 随即加入集合 U 中；此时，U={ A,B,C,D,E,F,G}；V–U=∅。

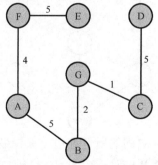

至此，算法执行完成，最终得到最小生成树的总权重之和为 4+5+5+2+1+5=22。

证明 Prim 算法如下。

反证法：假设 Prim 算法生成的不是最小生成树。

(1) 设 Prim 算法生成的树为 G_0。

(2) 假设存在 Gmin 使得 cost(Gmin)<cost(G_0)，则在 Gmin 中存在<u,v>不属于G_0。

(3) 将<u,v>加入G_0中，可得一个环，且<u,v>不是该环的最长边(这是因为<u,v>∈Gmin)。

(4) 这与 Prim 算法每次生成最短边矛盾。

(5) 故假设不成立，命题得证。

邻接矩阵结构存储图的 Prim 算法代码如下：

```
int Prim(GraphMat *G)
{
    int mincost, index, sum = 0;
    int dist[MAXV];
    bool visit[MAXV];
    for (int i = 0; i < G->n; i++)
    {
        dist[i] = G->edges[0][i];
        visit[i] = 0;
    }
    visit[0]=1;
    for (int i = 1; i < G->n; i++)
    {
        mincost = INF;
        for (int j = 0; j<G->n; j++)
        {
            if (visit[j]==0 && dist[j]<mincost)
            {
                index = j;
                mincost = dist[j];
            }
        }

        visit[index] = 1;
        sum += mincost;

        for (int j = 0; j < G->n; j++)
        {
            if (visit[j] == 0 && dist[j] > G->edges[index][j])
                dist[j] = G->edges[index][j];
        }
    }
    return sum;
}
```

【算法 6.9　Prim 算法（邻接矩阵）】

6.5.5　克鲁斯卡尔（Kruskal）算法

Kruskal 算法是一种用来寻找最小生成树的算法，由 Joseph Kruskal 在 1956 年发表。

Kruskal 算法的核心思想是，首先将边按照权值从小到大排序，然后将排序好的权重边依次加入最小生成树中，如果加入时产生回路就跳过这条边，考察下一条边；所有结点加入最小生成树时，就找出了最小生成树。

【例 6.29】对于图 6-33 所示的无向连通带权图，算法执行过程如下，粗线边表示已经加入最小生成树中的边。

第一步，将所有边按长度排序，排序完成后，首先选择了边 GC，此时最小生成树中还没有任何边，显然 GC 不在任何环中，随即将其加入最小生成树中。

第二步，在剩下的边中继续寻找权重最小的边，为 BG，权重是 2，将 BG 加入最小生成树中也不会构成任何环路，所以随即也将 BG 加入最小生成树中。

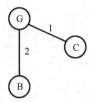

第三步，剩余边中权重最小的是 3，即 BC，然而，BC 加入最小生成树后会构成环路，因此，这条边不做考虑，继续寻找发现权重最小的边是 AF，可以加入最小生成树。

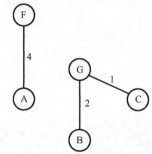

第四步，用同样的方式可以将 FE、ED、DC 加入最小生成树。

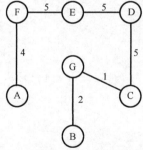

这时，所有的结点都已经加入最小生成树（图中粗线所示），算法完成，得到最小生成树总权重为 4+5+5+5+1+2=22。

对于 6-33 所示的图，这里分别通过 Prim 算法和 Kruskal 算法得到了不一样的生成树，但其权重之和是一样的，显然图的最小生成树并不唯一，但其总权重之和必然是确定的。

证明 Kruskal 算法如下。

对图的顶点数 n 做归纳，证明 Kruskal 算法对任意 n 阶图适用。

归纳基础：n=1，显然能够找到最小生成树。

归纳过程：假设 Kruskal 算法对 n≤k 阶图适用，那么，在 k+1 阶图 G 中，把最短边的两个端点 a 和 b 做合并操作，即把 u 与 v 合为一个点 v'，把原来接在 u 和 v 的边都接到 v'上去，这样就能够得到一个 k 阶图 G'（u 与 v 的合并使 k+1 阶图少一条边），G'的最小生成树 T'可以用 Kruskal 算法得到。

证明：T'+{<u,v>}是 G 的最小生成树。

用反证法,如果 T'+{<u,v>}不是最小生成树,最小生成树是 T,即 W(T)<W(T'+{<u,v>})。显然 T 应该包含<u,v>,否则,可以用<u,v>加入 T 中,形成一个环,删除环上原有的任意一条边,形成一棵更小权值的生成树。而 T-{<u,v>}是 G'的生成树。所以 W(T-{<u,v>})<=W(T'),也就是 W(T)<=W(T')+W(<u,v>)=W(T'+{<u,v>}),产生了矛盾。于是假设不成立,T'+{<u,v>}是 G 的最小生成树,Kruskal 算法对 k+1 阶图也适用。

由数学归纳法,Kruskal 算法得证。

邻接矩阵结构存储图的 Kruskal 算法代码如下:

```
typedef struct
{   int u;                                  /*边的起始顶点*/
    int v;                                  /*边的终止顶点*/
    int w;                                  /*边的权值*/
} Edge;
int father[MAXV];
bool cmp(Edge x1,Edge x2                     /*比较器*/
{
    return x1.w<x2.w;
}
int getfather(int x)                        /*找 x 结点的父结点的函数*/
{
    if(father[x]==x)                        /*自己就是自己的父结点*/
        return x;
    father[x]=getfather(father[x]);         /*递归寻找父结点,并且压缩路径*/
    return father[x];                       /*返回 x 结点的父结点的编号*/
}
int Kruskal(GraphMat *G)
{
    int i,j;
    int k=0,sum=0;
    Edge E[MAXV];
    for (i=0;i<G->n;i++)                     /*由 G 产生的边集 E*/
        for (j=0;j<G->n;j++)
            if (G->edges[i][j]!=0 && G->edges[i][j]!=INF)
            {   E[k].u=i;
                E[k].v=j;
                E[k].w=G->edges[i][j];
                k++;
            }
    for(i=0;i<G->n;i++)                      /*初始化父结点数组*/
        father[i]=i;
    sort(E,E+k,cmp);                         /*按照每个边的权值从小到大排序*/
    for(i=0;i<k;i++)
    {
        if(getfather(E[i].u)!=getfather(E[i].v))
        {
            sum+=E[i].w;
            father[E[i].v]=E[i].u;
```

```
        }
    }
    return sum;
}
```

【算法 6.10　Kruskal 算法(邻接矩阵)】

本小节所有算法均在 Dev-C++5.8.3 环境中调试通过，完整代码如下：

```c
#include<stdio.h>
#include<stdlib.h>
#define  MAXV  100
#define  INF   100000
typedef int InfoType;
struct Vertex
{   int number;                          /*顶点编号*/
    InfoType info;                        /*顶点其他信息*/
}

struct GraphMat                          /*图的定义*/
{   int edges[MAXV][MAXV];               /*邻接矩阵*/
    int nodeNum, edgeNum;                /*顶点数，边数*/
    Vertex v[MAXV];                      /*存放顶点信息*/
}

void createGraph(GraphMat *&graph)       /*创建无向图的邻接矩阵*/
{
    int nodeNum, edgeNum;
    int start, end, weight;
    int i, j;
    if(graph != NULL)
    {
        printf("图已经存在! \n");
        return;
    }
    graph = (GraphMat *)malloc(sizeof(GraphMat));
    printf("请输入点数: \n");
    scanf("%d", &nodeNum);
    printf("请输入边数: \n");
    scanf("%d", &edgeNum);
    for(i=0; i<nodeNum; i++)
    {
        for(j=0; j<nodeNum; j++)
        {
            if(i == j)
                graph->edges[i][j] = 0 ;
            else    graph->edges[i][j] = INF ;
        }
    }
```

```c
    for (i=0; i<edgeNum; i++)                    /*输入边信息*/
    {
        printf("请输入第%d 条边的起点、终点、权重:\n",i);
        while(true)
        {
            scanf("%d %d %d", &start, &end, &weight);
            if(start>=0 && start<nodeNum && end>=0 && end<nodeNum)
                break;
        }
        graph->edges[start][end] = weight ;
        graph->edges[end][start] = weight ;
    }

    printf("图的邻接矩阵: \n");
    for(i=0; i<nodeNum; i++)
    {
        for(j=0; j<nodeNum; j++)
        {
            if(graph->edges[i][j] == INF)
                printf("∞\t");
            else
                printf("%d\t", graph->edges[i][j]);
        }
        printf("\n");
    }
        graph->nodeNum = nodeNum;
        graph->edgeNum = edgeNum;
    return;
}

/*Prim 算法*/
int prim(GraphMat *graph)
{
    int minWeight, current;
    int totalWeight = 0;
    int dist[MAXV];
    bool visited[MAXV];
    int i, j;
    if(graph == NULL)
    {
        printf("图为空! \n");
        return -1;
    }
    for (i=0; i<graph->nodeNum; i++)                    /*初始化*/
    {
        dist[i] = graph->edges[0][i];
        visited[i] = 0;
    }
```

```
    visited[0] = 1;
    for (i=1; i<graph->nodeNum; i++)           /*找出最小权重*/
    {
       minWeight = INF;
       for (j=0; j<graph->nodeNum; j++)
       {
          if (visited[j]==0 && dist[j]<minWeight)
          {
              current = j;
              minWeight = dist[j];

          }
       }
       printf("%d,",current);
       visited[current] = 1;
       totalWeight += minWeight;
       for (j=0; j<graph->nodeNum; j++)         /*更新第 dist 数组*/
       {
          if (visited[j]==0 && dist[j]>graph->edges[current][j])
             dist[j] = graph->edges[current][j];
       }
    }
    return totalWeight;
}

/*Kruskal 算法*/
typedef struct
{   int start;                                 /*边的起始顶点*/
    int end;                                   /*边的终止顶点*/
    int weight;                                /*边的权值*/
} Edge;

int father[MAXV];

int getfather(int x)                           /*找 x 结点的函数*/
{
   if(father[x]==x)                            /*自己就是自己的父结点*/
       return x;
   father[x]=getfather(father[x]);             /*递归寻找父结点，并压缩路径*/
   return father[x];                           /*返回 x 结点的父结点的编号*/
}

void bubbleSort(Edge *array,int len)
{                                              /*冒泡排序*/
   int i = 0;
   int j = 0;
   Edge tmp;
   for(i=0;i<len-1;i++)
```

```
    {
        for(j=0;j<len-i-1;j++)
        {
            if(array[j].weight > array[j+1].weight)
            {
                tmp = array[j];
                array[j] = array[j+1];
                array[j+1] = tmp;
            }
        }
    }

    return;
}


int kruskal(GraphMat *graph)
{
    int i, j, k = 0;
    int totalWeight = 0;
    Edge edge[MAXV];
    if(graph == NULL)
    {
        printf("图为空! \n");
        return -1;
    }
    for (i=0; i<graph->nodeNum; i++)        /*由 G 产生的边集 E*/
        for (j=i; j<graph->nodeNum; j++)
            if (graph->edges[i][j]!=0 && graph->edges[i][j]!=INF)
            {   edge[k].start = i;
                edge[k].end = j;
                edge[k].weight = graph->edges[i][j];
                k++;
            }
    for(i=0; i<graph->nodeNum; i++)         /*初始化父结点数组*/
        father[i] = i;

    bubbleSort(edge, k);                    /*按照每个边的权值从小到大排序*/

    for(i=0; i<graph->edgeNum; i++)
    {
        if(getfather(edge[i].start) != getfather(edge[i].end))
        {
            totalWeight += edge[i].weight;
            father[father[edge[i].end]] = edge[i].start;
        }
    }
    return totalWeight;
}
```

```
int main()
{   GraphMat *graph = NULL;
    createGraph(graph);
    printf("\n Prim 最小生成树: %d", prim(graph));
    printf("\n Kruskal 最小生成树: %d", kruskal(graph));
    return 0;
}
```

Prim 算法与 Kruskal 算法执行过程如图 6-34 所示。

图 6-34   Prim 算法与 Kruskal 算法执行过程

6.6 最 短 路 径

人们在出行时常会面临着对路径选择的决策问题，在地铁网图中，在没有直达列车时如何选择换乘路线呢？或许有人会选择最低成本，有人会选择最短时间，有人会选择最少换乘，但无论怎样，都可以将这些开销作为图的权重，将其转换成带权图，然后在带权图中寻找两点之间的最短路径，这就是本节需要解决的问题。

6.6.1 路径的概念

在一个不带权的图中，若从一个顶点到另一个顶点存在着一条路径，则该路径所经过的边的条数即该路径的长度，从一个顶点到另一个顶点可能存在多条路径，每条路径的长度可能不同，把路径长度最短的那条路径称为**最短路径**，其长度称为最短路径长度或者最短距离。

对于带权图，考虑路径上各边的权重，则把一条路径上所有边的权重之和称为该路径的长度，同样两点之间的路径可能存在多条，把路径长度最小的那条路径称为最短路径，其长度称为最短路径长度。

实际上，若将不带权的图的所有边的权重都看成 1，那么带权图和不带权图的最短路径和最短路径长度的定义就一致了。

求图的最短路径有两个方面的问题，即求图中某一顶点到其他顶点的最短路径(单源最短路径)和求图中每一对顶点的最短路径。

6.6.2 单源最短路径

给定一个带权有向图 G 和源点 v，并且每条边的权为非负实数。计算从源点 v 到所有其他各顶点的最短路径和最短路径长度，称为**单源最短路径**问题。单源最短路径常见的算法有 Dijkstra 算法、bellman_ford 算法、SPFA 算法等，其中 SPFA 算法由西南交通大学段凡丁于 1994 年提出。

Dijkstra 算法：Dijkstra 算法是由荷兰计算机科学家迪科斯彻于 1959 年提出的。Dijkstra 算法的主要特点是以起始点为中心向外层层扩展，直到扩展到终点。

算法思想：设 G=(V,E) 是一个带权有向图，把图中顶点集合 V 分成两组，第一组为已求出最短路径的顶点集合(用 S 表示，初始时 S 中只有一个源点，以后每求得一条最短路径，就将其加入集合 S 中，直到全部顶点都加入 S 中，算法就结束了)，第二组为其余未确定最短路径的顶点集合(用 U 表示)，按最短路径长度的递增次序依次把第二组的顶点加入 S 中。在加入的过程中，总保持从源点 v 到 S 中各顶点的最短路径长度不大于从源点 v 到 U 中任何顶点的最短路径长度。此外，每个顶点对应一个距离，S 中的顶点的距离就是从 v 到此顶点的最短路径长度，U 中的顶点的距离，是从 v 到此顶点只经过 S 中的顶点的当前最短路径长度。具体步骤如下。

(1)初始时，S 只包含起点 s；U 包含除 s 外的其他顶点，且 U 中顶点的距离为"起点 s 到该顶点的距离"(例如，U 中顶点 v 的距离为(s,v)的长度，然后 s 和 v 不相邻，则 v 的距离为∞)。

(2)从 U 中选出"距离最短的顶点 k"，并将顶点 k 加入 S 中；同时，从 U 中移除顶点 k。

(3)更新 U 中各个顶点到起点 s 的距离。之所以更新 U 中顶点的距离，是由于步骤(2)中确定了 k 是求出最短路径的顶点，从而可以利用 k 来更新其他顶点的距离，例如，(s,v)的距离可能大于(s,k)+(k,v)的距离。

(4)重复步骤(2)和(3)，直到遍历完所有顶点。

需要指出，Dijkstra 算法求解的不仅是有向图，无向图也是可以的。

【例 6.30】对于图 6-35 所示的无向连通带权图，用 Dijkstra 算法求顶点 A 的单源最短路径，算法执行过程如下，黑色顶点表示该顶点已经被加入集合 S。

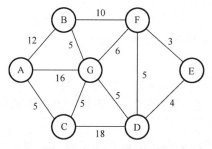

图 6-35 无向连通带权图

初始状态: S 是已计算出最短路径的顶点集合, U 是未计算出最短路径的顶点集合。

S=∅, U={A(∞),B(∞),C(∞),D(∞),E(∞),F(∞),G(∞)}。

第一步,将顶点 A 加入 S 中。此时,S={A(0)},U={A(0),B(12,A),C(5,A),D(∞),E(∞),F(∞),G(16,A)}。

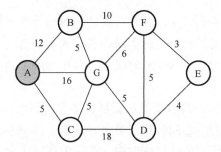

第二步,将顶点 C 加入 S 中。

第一步操作之后,U 中顶点 C 到起点 A 的距离最短;因此,将 C 加入 S 中,同时更新 U 中顶点的距离。以顶点 G 为例,之前 G 到 A 的距离为 16;但是将 C 加入 S 之后,G 到 A 的距离为 10=(A,C)+(C,G),所以更新 G 的距离和 G 的前驱结点为 G(10,C)。同理结点 D 更新为 D(23,C)。

此时, S={A(0),C(5,A)}, U={B(12,A),D(23,C),E(∞),F(∞),G(10,C)}。

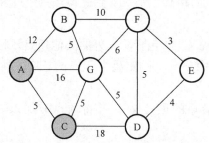

第三步,将顶点 G 加入 S 中。

第二步操作之后,U 中顶点 G 到起点 A 的距离最短;因此,将 G 加入 S 中,同时更新 U 中顶点的距离。以顶点 B 为例,之前 B 到 A 的距离为 12;但是将 G 加入 S 之后,B 到 A 的距离为 21=(A,G)+(G,B),所以不必更新 G 的距离;对于结点 F,之前 F 到 A 的距离为∞;但是将 G 加入 S 之后,F 到 A 的距离为 22=(A,G)+(G,F),所以更新 G 的距离和 G 的前驱结点为 F(22,G)。

此时, S={A(0),C(5,A),G(10,C)},U={ B(12,A),D(15,G),E(∞),F(16,G)}。

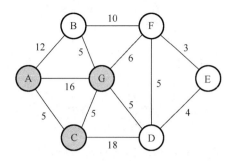

第四步，将顶点 B 加入 S 中。

此时,S={A(0),B(12,A),C(5,A),G(10,C)},U={D(15,G),E(∞),F(16,G)}。

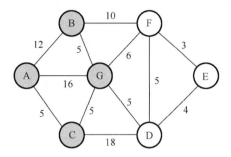

第五步，将顶点 D 加入 S 中。

此时，S={A(0),B(12,A),C(5,A),D(15,G),G(10,C)},U={E(19,D),F(16,G)}。

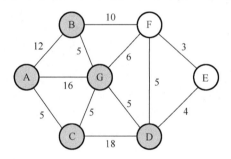

第六步，将顶点 F 加入 S 中。

此时，S={A(0),B(12,A),C(5,A),D(15,G),F(16,G),G(10,C)},U={E(19,D)}。

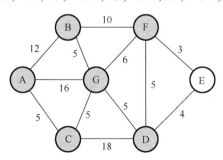

第七步，将顶点 E 加入 S 中。

此时，S={A(0),B(12,A),C(5,A),D(15,G),E(19,D),F(16,G),G(10,C)},U=∅。

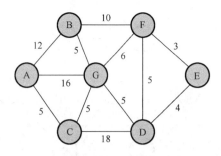

　此时,起点 A 到各个顶点的最短距离和前驱结点就计算出来了:B(12,A),C(5,A),D(15,G),E(19,D),F(16,G),G(10,C),如 A 到 E 的最短距离为 19,E 的前驱结点为 D,D 的前驱结点为 G,G 的前驱结点为 C,C 的前驱结点为 A,所以 A 到 E 的最短路径为 ACGDE。

　利用邻接矩阵结构实现图的 Dijkstra 算法代码如下:

```
void Dijkstra(GraphMat *G,int v)
{
    int dist[MAXV],path[MAXV];
    int s[MAXV];
    int mindis,i,j,u;
    for (i=0;i<G->n;i++)
    {
        dist[i]=G->edges[v][i];          /*距离初始化*/
        s[i]=0;                          /*s[]置空*/
        if (G->edges[v][i]<INF)          /*路径初始化*/
            path[i]=v;                   /*顶点 v 到 i 有边时*/
        else
            path[i]=-1;                  /*顶点 v 到 i 没边时*/
    }
    s[v]=1;
    for (i=0;i<G->n;i++)                  /*循环 n-1 次*/
    {
        mindis=INF;
        for (j=0;j<G->n;j++)
        if (s[j]==0 && dist[j]<mindis)
            {
                u=j;
                mindis=dist[j];
            }
        s[u]=1;                          /*顶点 u 加入 s 中*/
        for (j=0;j<G->n;j++)             /*修改不在 s 中的顶点的距离*/
            if (s[j]==0)
                if (dist[u]+G->edges[u][j]<dist[j])
                    {
                        dist[j]=dist[u]+G->edges[u][j];
                        path[j]=u;
                    }
    }
    for (i=0;i<G->n;i++)
```

```
        printf("%d ",dist[i]);
}
```

【算法 6.11　Dijkstra 算法(邻接矩阵)】

6.6.3　多源点之间的最短路径

对于一个各边权重均大于 0 的有向图，对每一对顶点 i≠j，求出顶点 i 与顶点 j 之间的最短路径长度，这便是多源点最短路径问题。常见的算法有弗洛伊德(Floyd)算法。

Floyd 算法是解决任意两点间的最短路径的一种算法，可以正确处理有向图或无向图或负权图(但不可存在负权回路)的最短路径问题，同时也被用于计算有向图的传递闭包。

算法的思路：通过 Floyd 算法计算图 G=(V，E)中各个顶点的最短路径时，需要引入两个矩阵，矩阵 D 中的元素 a[i][j]表示顶点 i(第 i 个顶点)到顶点 j(第 j 个顶点)的距离。矩阵 P 中的元素 b[i][j]，表示顶点 i 到顶点 j 经过的顶点的编号。

假设图 G 中顶点个数为 N，则需要对矩阵 D 和矩阵 P 进行 N 次更新。初始时，矩阵 D 中 a[i][j]的值为顶点 i 到顶点 j 的权值；如果 i 和 j 不相邻，则 a[i][j]=∞，矩阵 P 中 b[i][j]的值表示顶点 i 到顶点 j 经过的顶点编号。接下来，对矩阵 D 进行 N 次更新。第 1 次更新时，如果"a[i][j]的距离">"a[i][0]+a[0][j]"(a[i][0]+a[0][j]表示"i 与 j 之间经过第 1 个顶点的距离")，则更新 a[i][j]为"a[i][0]+a[0][j]"，更新 b[i][j]=b[i][0]。同理，第 k 次更新时，如果"a[i][j]的距离">"a[i][k-1]+a[k-1][j]"，则更新 a[i][j]为"a[i][k-1]+a[k-1][j]"，更新 b[i][j]=b[i][k-1]。更新 N 次之后，操作完成。

【例 6.31】对于图 6-36 所示的无向连通带权图，算法执行过程如下。

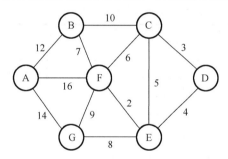

图 6-36　无向连通带权图

第一步，先初始化两个矩阵，得到表 6-1 和表 6-2 所示的两个矩阵。

表 6-1　D 矩阵(第一步)

	A	B	C	D	E	F	G
A	∞	12	∞	∞	∞	16	14
B	12	∞	10	∞	∞	7	∞
C	∞	10		3	5	6	∞
D	∞	∞	3	∞	4	∞	∞
E	∞		5	4		2	8
F	16	7	6	∞	2	∞	9
G	14	∞	∞	∞	8	9	∞

表 6-2　P 矩阵（第一步）

	A	B	C	D	E	F	G
A	0	1	2	3	4	5	6
B	0	1	2	3	4	5	6
C	0	1	2	3	4	5	6
D	0	1	2	3	4	5	6
E	0	1	2	3	4	5	6
F	0	1	2	3	4	5	6
G	0	1	2	3	4	5	6

第二步，以 v_1 为中介，更新两个矩阵。

发现，a[1][0]+a[0][6]<a[1][6]和 a[6][0]+a[0][1]<a[6][1]，所以只需要更新矩阵 D 和矩阵 P，如表 6-3 和表 6-4 所示。

表 6-3　D 矩阵（第二步）

	A	B	C	D	E	F	G
A	∞	12	∞	∞	∞	16	14
B	12	∞	10	∞	∞	7	26
C	∞	10		3	5	6	∞
D	∞	∞	3		4	∞	∞
E	∞		5	4		2	8
F	16	7	6	∞	2	∞	9
G	14	26	∞	∞	8	9	∞

表 6-4　P 矩阵（第二步）

	A	B	C	D	E	F	G
A	0	1	2	3	4	5	6
B	0	1	2	3	4	5	0
C	0	1	2	3	4	5	6
D	0	1	2	3	4	5	6
E	0	1	2	3	4	5	6
F	0	1	2	3	4	5	6
G	0	0	2	3	4	5	6

通过矩阵 P，我们可以看出 v_2 到 v_7 的最短路径是：v_2—v_1—v_7。

第三步，以 v_2 作为中介，来更新两个矩阵，使用同样的原理，扫描整个矩阵，得到表 6-5 和表 6-6 所示的矩阵。

表 6-5　D 矩阵（第三步）

	A	B	C	D	E	F	G
A	∞	12	22	∞	∞	16	14
B	12	∞	10	∞	∞	7	26
C	22	10		3	5	6	36
D	∞	∞	3	∞	4	∞	∞
E			5	4		2	8
F	16	7	6	∞	2	∞	9
G	14	26	36	∞	8	9	∞

表 6-6　P 矩阵(第三步)

	A	B	C	D	E	F	G
A	0	1	1	3	4	5	6
B	0	1	2	3	4	5	0
C	1	1	2	3	4	5	1
D	0	1	2	3	4	5	6
E	0	1	2	3	4	5	6
F	0	1	2	3	4	5	6
G	0	0	1	3	4	5	6

Floyd 算法每次都会选择一个中介点，然后，遍历整个矩阵，查找需要更新的值，下面还剩下五步，就不做演示了。

邻接矩阵结构实现图的 Floyd 算法代码如下：

```
void Floyd(GraphMat *G)              /*求每对顶点之间的最短路径*/
{
    int A[MAXV][MAXV];               /*建立 A 数组*/
    int path[MAXV][MAXV];
    int i,j,k;
    for (i=0;i<G->n;i++)
        for (j=0;j<G->n;j++)
        {
            A[i][j]=G->edges[i][j];
            if (i!=j && G->edges[i][j]<INF)
        path[i][j]=i;                /*i 和 j 顶点之间有一条边时*/
            else                     /*i 和 j 顶点之间没有一条边时*/
                path[i][j]=-1;
        }
    for (k=0;k<G->n;k++)             /*求 A [i][j]*/
    {
        for (i=0;i<G->n;i++)
            for (j=0;j<G->n;j++)
                if (A[i][j]>A[i][k]+A[k][j])       /*找到更短路径*/
                {
                    A[i][j]=A[i][k]+A[k][j];        /*修改路径长度*/
                    path[i][j]=path[k][j];          /*修改最短路径为经过顶点 k*/
                }
    }
}
```

【算法 6.12　Floyd 算法(邻接矩阵)】

本小节所有算法均在 Dev-C++5.8.3 环境中调试通过，完整代码如下：

```
#include<stdio.h>
#include<stdlib.h>
#define  MAXV  100
#define  INF   100000
typedef int InfoType;
```

```
struct Vertex
{   int number;                                /*顶点编号*/
    InfoType info;                             /*顶点其他信息*/
}

struct GraphMat                               /*图的定义*/
{   int edges[MAXV][MAXV];                    /*邻接矩阵*/
    int nodeNum, edgeNum;                     /*顶点数,边数*/
    Vertex v[MAXV];                           /*存放顶点信息*/
}

void createGraph(GraphMat *&graph)      /*创建无向图的邻接矩阵*/
{
    int nodeNum, edgeNum;
    int start, end, weight;
    int i, j;
    if(graph != NULL)
    {
        printf("图已经存在! \n");
        return;
    }
    graph = (GraphMat *)malloc(sizeof(GraphMat));
    printf("请输入点数: \n");
    scanf("%d", &nodeNum);
    printf("请输入边数: \n");
    scanf("%d", &edgeNum);
    for(i=0; i<nodeNum; i++)
    {
        for(j=0; j<nodeNum; j++)
        {
            if(i == j)
                graph->edges[i][j] = 0 ;
            else graph->edges[i][j] = INF ;
        }
    }
    for (i=0; i<edgeNum; i++)              /*输入边信息*/
    {
        printf("请输入第%d 条边的起点、终点、权重:\n",i);
        while(true)
        {
            scanf("%d %d %d", &start, &end, &weight);
            if(start>=0 && start<nodeNum && end>=0 && end<nodeNum)
                break;
        }
        graph->edges[start][end] = weight ;
        //graph->edges[end][start] = weight ;
    }
```

```c
        graph->nodeNum = nodeNum;
        graph->edgeNum = edgeNum;
    return;
}

void dispGraph(GraphMat *graph)            /*输出邻接矩阵*/
{   int i, j;
    if(graph==NULL)
    {
        printf("图为空! \n");
        return;
    }
    for(i=0; i<graph->nodeNum; i++)
    {
        for(j=0; j<graph->nodeNum; j++)
        {
            if(graph->edges[i][j] == INF)
                printf("∞\t");
            else
                printf("%d\t", graph->edges[i][j]);
        }
        printf("\n");
    }
    return;
}

void deleteGraph(GraphMat *&graph)
{
    if(graph == NULL)
    {
        printf("图为空! \n");
        return;
    }
    free(graph);
    graph = NULL;
    return;
}

void dijkstra(GraphMat *graph, int initial)
{
    int dist[MAXV];
    int path[MAXV];
    int visited[MAXV];
    int minDist;
    int i, j, current;
    if(graph == NULL)
    {
        printf("图为空! \n");
```

```
          return;
      }

    for (i=0; i<graph->nodeNum; i++)
    {
        dist[i] = graph->edges[initial][i];        /*距离初始化*/
        visited[i] = 0;                            /*置空*/
        if (graph->edges[initial][i] < INF)        /*路径初始化*/
          path[i] = initial;                       /*顶点 v 到 i 有边时*/
        else
          path[i] = -1;                            /*顶点 v 到 i 没边时*/

    }
    dist[initial] = 0;
    path[initial] = initial;
    visited[initial] = 1;

    for (i=0; i<graph->nodeNum; i++)               /*循环 n-1 次*/
    {
        minDist=INF;
        for (j=0; j<graph->nodeNum; j++)
        if (visited[j]==0 && dist[j]<minDist)
           {
               current = j;
               minDist = dist[j];
           }
        visited[current]=1;                        /*顶点 u 加入 s 中*/
        for (j=0; j<graph->nodeNum; j++)           /*修改不在 s 中的顶点的距离*/
           if (visited[j] == 0)
           if (dist[current]+graph->edges[current][j] < dist[j])
           {
               dist[j] = dist[current]+graph->edges[current][j];
               path[j] = current;
           }
    }
    printf("\n Dijkstra 结果:");
    for (i=0; i<graph->nodeNum; i++)
        printf("%d  ",dist[i]);
    return;
}

void Dispath(GraphMat *graph,int A[][MAXV],int path[][MAXV])
{   int i,j,k,s;
    int apath[MAXV],d;              /*存放一条最短路径的中间顶点(反向)及其顶点个数*/
    for (i=0;i<graph->nodeNum;i++)
        for (j=0;j<graph->nodeNum;j++)
        {   if (A[i][j]!=INF && i!=j)              /*若顶点 i 和 j 之间存在路径*/
            {   printf("  从%d到%d的路径为:",i,j);
```

```
                    k=path[i][j];
                    d=0; apath[d]=j;                    /*路径上添加终点*/
                    while (k!=-1 && k!=i)               /*路径上添加中间点*/
                    {   d++; apath[d]=k;
                        k=path[i][k];
                    }
                    d++; apath[d]=i;                    /*路径上添加起点*/
                    printf("%d",apath[d]);              /*输出起点*/
                    for (s=d-1;s>=0;s--)                /*输出路径上的中间顶点*/
                        printf(",%d",apath[s]);
                    printf("\t 路径长度为:%d\n",A[i][j]);
                }
        }
}

void floyd(GraphMat *graph)                             /*求每对顶点之间的最短路径*/
{
    int dist[MAXV][MAXV];                               /*建立 dist 数组*/
    int path[MAXV][MAXV];
    int i, j, k;
    if(graph == NULL)
    {
        printf("图为空! \n");
        return;
    }
    for (i=0; i<graph->nodeNum; i++)
    {
        dist[i][i] = 0;
        path[i][i] = i;

    }
    for (i=0; i<graph->nodeNum; i++)
    {
        for (j=0; j<graph->nodeNum; j++)
        {
            dist[i][j] = graph->edges[i][j];
            if (i!=j && graph->edges[i][j]<INF)
                path[i][j] = i;                         /*i 和 j 顶点之间有一条边时*/
            else                                        /*i 和 j 顶点之间没有一条边时*/
                path[i][j] = -1;
        }
    }
    for (k=0; k<graph->nodeNum; k++)                    /*求 A[i][j]*/
    {
        for (i=0; i<graph->nodeNum; i++)
            for (j=0; j<graph->nodeNum; j++)
                if (dist[i][j] > dist[i][k]+dist[k][j])  /*找到更短路径*/
                {
```

```
                    dist[i][j] = dist[i][k]+dist[k][j];   /*修改路径长度*/
                    path[i][j] = path[k][j];          /*修改最短路径为经过顶点k*/
            }
    }
    printf("\n Floyd结果:\n");
    Dispath(graph, dist,path);
    return ;
}

int main( )
{   GraphMat *graph = NULL;
    createGraph(graph);
    dispGraph(graph);
    dijkstra(graph, 0);
    floyd(graph);
    return 0;
}
```

Dijkstra 算法代码执行过程如图 6-37 所示。

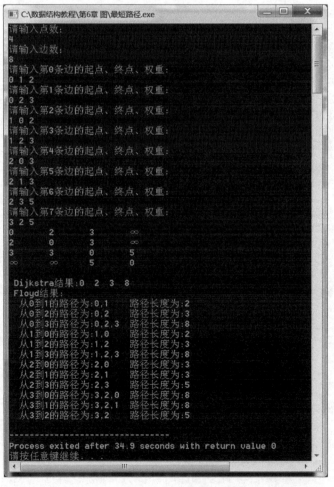

图 6-37　Dijkstra 算法执行过程

6.7 拓 扑 排 序

对一个有向无环图，将 G 中所有顶点排成一个线性序列，使得图中任意一对顶点 u 和 v 组成边(u,v)，若边(u,v)∈E(G)，则 u 在线性序列中出现在 v 之前，这样的过程称为**拓扑排序**。而得到的线性序列称为**满足拓扑次序**(topological order)**的序列**，简称拓扑序列。

6.7.1 拓扑排序介绍

在实际工作中，经常用有向图来表示工程的施工流程图或产品生产的流程图，一个工程一般可分为若干子工程，把子工程称为"活动"。在有向图中若以顶点表示"活动"，用有向边表示"活动"之间的优先关系，则这样的有向图称为以顶点表示"活动"的网(activity on vertex network)，简称 **AOV 网**。

AOV 网中的弧表示了"活动"之间的优先关系，也可以说是一种制约关系。例如，计算机专业学生必须学完一系列规定的课程后才能毕业，这可看作一个工程，用图 6-38 所示的 AOV 网加以表示，网中的顶点表示各门课程的教学活动，有向边表示各门课程的制约关系(表 6-7)。

图 6-38 中有一有向边<C_3，C_9>，其中 C_3 和 C_9 分别表示"普通物理"和"计算机组成原理"的教学活动，这说明"普通物理"是"计算机组成原理"的直接前驱，"普通物理"课程一定要安排在"计算组成原理"课程之前。

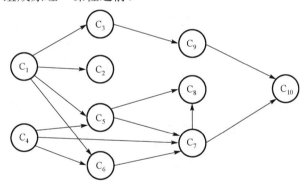

图 6-38 表示课程之间优先关系的 AOV 网

表 6-7 课程制约关系表

课程代号	课程名称	先修课程
C_1	高等数学	无
C_2	工程数学	C_1
C_3	普通物理	C_1
C_4	程序设计基础	无
C_5	语言程序设计	C_1、C_4
C_6	离散数学	C_1、C_4
C_7	数据结构	C_4、C_5、C_6
C_8	编译方法	C_5、C_7
C_9	计算机组成原理	C_3
C_{10}	操作系统	C_7、C_9

在图 6-38 中，顶点 C_1、C_4 是顶点 C_5 的直接前驱；顶点 C_7 是顶点 C_4、C_5、C_6 的直接后继；顶点 C_1 是顶点 C_9 的前驱，但不是直接前驱。显然，在 AOV 网中，有向边表示的优先关系有传递性，如顶点 C_1 是 C_3 的前驱，而 C_3 是 C_9 的前驱，则 C_1 也是 C_9 的前驱。在 AOV 网中如果存在回路，则说明某个"活动"能否进行要以自身任务的完成作为先决条件，显然，这样的工程是无法完成的。如果要检测一个工程是否可行，首先就得检查对应的 AOV 网是否存在回路。检查 AOV 网中是否存在回路的方法就是拓扑排序。如果 AOV 网可以得到拓扑序列，显然可以说明该 AOV 网中不存在环。

6.7.2　拓扑排序算法

对 AOV 网进行拓扑排序的步骤如下。

(1) 在网中选择一个没有前驱的顶点且将其输出。

(2) 在网中删去该顶点，并且删去从该顶点发出的全部有向边。

(3) 重复上述两步，直到网中不存在没有前驱的顶点。这样操作的结果有两种：一种是网中全部顶点均被输出，说明网中不存在有向回路；另一种是网中顶点未被全部输出，剩余的顶点均有前驱顶点，说明网中存在有向回路。

显然，对于某个 AOV 网，如果它的拓扑有序序列被构造成功，则该网中不存在有向回路，其各子工程可按拓扑有序序列的次序进行安排。一个 AOV 网的拓扑有序序列并不是唯一的，例如，下面的两个序列都是图 6-38 所示的 AOV 网的拓扑有序序列。

$$C_1\ C_4\ C_3\ C_2\ C_5\ C_6\ C_9\ C_7\ C_8\ C_{10}$$

$$C_4\ C_1\ C_2\ C_3\ C_9\ C_6\ C_5\ C_7\ C_8\ C_{10}$$

本　章　小　结

本章思维导图如图 6-39 所示。

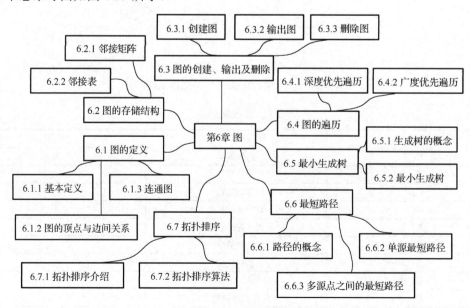

图 6-39　思维导图

本章主要讲述了：①图的相关概念，包括图、有向图、无向图、度、出度、入度、完全图、连通图等；②图的存储结构，包括邻接矩阵和邻接表；③图的基本运算，包括创建图、输出图、删除图；④图的广度优先遍历和深度优先遍历；⑤图的最小生成树算法，包括 Prim 算法和 Kruskal 算法；⑥图的最短路径算法，包括单源最短路径算法——Dijkstra 算法和多源最短路径算法——Floyd 算法；⑦AOV 网的拓扑排序算法。现实生活中很多问题最终都可以转换为解决图的问题，灵活运用本章的内容对于解决综合问题非常重要。

事实上，图的应用算法还有不少，有兴趣的同学可以去查阅相关的书籍获得更多的知识。

 小知识

Edsger Wybe Dijkstra

解决单源最短路径问题最著名的方法是 Dijkstra 算法，这个算法是由荷兰计算机科学家艾兹格·W. 迪科斯彻(Edsger Wybe Dijkstra，1930 年 5 月～2002 年 8 月，图 6-40)在 1959 年提出的。他是计算机先驱之一，他开发了程序设计的框架结构。他的父亲 Douwe Wybe Dijkstra 是一位化学家，他的母亲 Brechtje Cornelia Kruyper 是一位数学家，这种充满科学气息的家庭背景对他的职业生涯乃至他的整个人生都有着深刻的影响。

图 6-40　Edsger Wybe Dijkstra

Edsger Wybe Dijkstra 在当地的 Gymnasium Erasmianum 读高中，1948 年，他考入了 Leiden 大学。他选择了数学和物理专业。他毕业就职于荷兰 Leiden 大学，早年钻研物理及数学，而后转为计算学。曾在 1972 年获得过素有计算机科学界的诺贝尔奖之称的图灵奖，之后，他还获得过 1974 年 AFIPS Harry Goode Memorial Award、1989 年 ACM SIGCSE 计算机科学教育教学杰出贡献奖以及 2002 年 ACM PODC 最具影响力论文奖。

练 习 题

一、选择题

1. 对于具有 n 个顶点的图，若采用邻接矩阵表示，则该矩阵的大小为(　　　)。
   A. n　　　　　　　B. n^2　　　　　　　C. n–1　　　　　　　D. (n–1)/2
2. 有 n 个结点的无向图，该图至少应有(　　　)条边才能确保是一个连通图。
   A. n–1　　　　　　B. n　　　　　　　C. n(n–1)　　　　　　D. 2n
3. 图的广度优先遍历类似于树的(　　　)遍历。
   A. 先序　　　　　B. 中序　　　　　C. 后序　　　　　D. 层次
4. 任何一个无向连通图的最小生成树(　　　)。
   A. 只有一棵　　　B. 有一棵或多棵　　C. 一定有多棵　　D. 可能不存在
5. 具有 4 个顶点的无向完全图有(　　　)条边。

A. 6   B. 12   C. 16   D. 20

二、填空题

1．N 个结点的无向完全图有_____条边，N 个结点的有向完全图有_____条边。

2．G 是一个非连通无向图，共有 28 条边，则该图至少有_____个顶点。

3．N 个顶点的连通图的生成树含有_____条边。

4．求最短路径的 Dijkstra 算法的时间复杂度为_____。

5．有向图 G 用邻接矩阵存储，其第 i 行的所有元素之和等于顶点 i 的_____。

三、综合应用题

1．给定如图 6-41 所示的一个无向图，使用 Prim 算法，从顶点 A 出发，画出 Prim 算法每一步运行的结果。

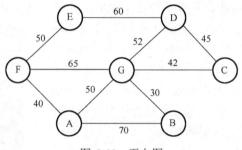

图 6-41　无向图

2．已知无向图 G 的邻接表如图 6-42 所示，分别写出从顶点 v_1 出发的深度优先遍历和广度优先遍历序列，并画出相应的生成树。

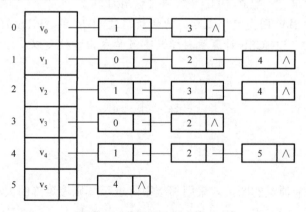

图 6-42　无向图 G 的邻接表

上机实验题

1．如图 6-43 所示，给定一个含有 9 个顶点的无向图，顶点编号从 1 到 9，现要询问任意给定两个顶点的最短路径。

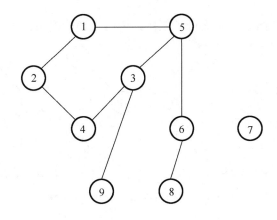

图 6-43 合 9 个顶点的无向图

【输入】

输入包括多行：

第一行，结点数目 n，n≤50。

第二行，边的数目 m。

第三行，查询次数 k，k≤10。

接下来 m 行，每行两个数 u, v，表示 u,v 相连。

接下来 k 行，每行两个整数，表示给定的两个结点。

【输出】

输出 k 行，表示给定两点的最短距离，如果不存在通路则输出：infinity。

【样例输入】

9

8

3

1 2

1 5

3 5

3 4

2 4

3 9

6 8

5 6

1 8

2 9

3 7

【样例输出】

3

3

infinity

2. 如图 6-44 所示，给定一个无向带权图，请给出该图对应的最小生成树的总权重。

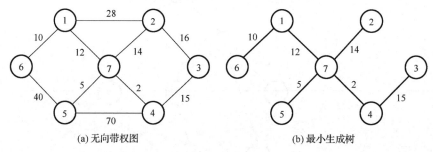

(a) 无向带权图　　　　　　　　(b) 最小生成树

图 6-44　无向带权图及其最小生成树

【输入】

输入包括多行：

第一行，两个整数 n,e(n≤100, e≤500)，分别表示结点数目和边的数目。

接下来 m 行，每行三个整数 u,v,w，表示边(u,v)的权重为 w。

【输出】

输出一个整数，表示最小权重。

【样例输入】

7 10

1 2 28

1 6 10

1 7 12

2 7 14

2 3 16

6 5 25

5 7 5

5 4 22

3 4 12

4 7 2

【样例输出】

55

第 7 章　查　　找

在搜索引擎上输入一个词，单击"搜索"按钮后，搜索引擎会检索到所有包含该搜索词的网页，依据它们的浏览次数与关联性等一系列算法确定网页级别，排列出顺序，最终呈现在网页上，如图 7-1 所示。搜索引擎已经成为人们最依赖的互联网工具，本章将介绍查找这种在信息领域最为频繁的操作。

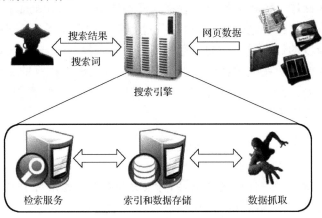

图 7-1　搜索引擎

7.1　查　找　概　述

被查找对象是一组元素(或记录)组成的表或者文件，称为**查找表**(search table)。查找表是由同一类型的数据元素(或记录)构成的集合。图 7-2 就是一个查找表，**关键字**(key)是数据元素中某个数据项的值，用它可以标识一个数据元素，若此关键字可以唯一地标识一个记录，则称为**主关键字**(primary key)，对于不同的记录，其主关键字的值均不相同。而对于那些可以识别多个数据元素(或记录)的关键字，则称为**次关键字**(secondary key)，次关键字也可以理解为不唯一标识一个数据元素(或记录)的关键字。

序号	代码	名称	相关链接	最新价	涨跌幅	涨跌额	成交量(手)	成交额
1	603299	苏盐井神	股吧 资金流 数据	6.91	10.03%	0.63	13.08万	8585万
2	600587	新华医疗	股吧 资金流 数据	17.14	10.01%	1.56	26.05万	4.35亿
3	603967	中创物流	股吧 资金流 数据	26.70	10.01%	2.43	4618	1233万
4	600095	哈高科	股吧 资金流 数据	4.95	10.00%	0.45	6.98万	3454万
5	600626	申达股份	股吧 资金流 数据	8.36	10.00%	0.76	59.03万	4.66亿
6	603336	宏辉果蔬	股吧 资金流 数据	17.72	9.99%	1.61	4.35万	7709万
7	600127	金健米业	股吧 资金流 数据	3.97	9.97%	0.36	7.84万	3113万
8	600300	维维股份	股吧 资金流 数据	3.64	9.97%	0.33	31.87万	1.16亿
9	600313	农发种业	股吧 资金流 数据	2.96	6.47%	0.18	55.34万	1.66亿
10	600469	风神股份	股吧 资金流 数据	5.12	6.44%	0.31	28.62万	1.45亿

数据元素

主关键字

次关键字

图 7-2　股市图

查找(searching)就是根据给定的某个值，在查找表中确定一个其关键字等于给定值的数据元素(或记录)。若表中存在这样的一个记录，则称查找是成功的，此时查找的结果给出整个记录的信息，或指示该记录在查找表中的位置。如图 7-2 所示，如果查找主关键字"代码"为"600587"的记录，就可以得到第 2 条唯一记录；如果查找次关键字"涨跌幅"为"9.97%"的记录，就可以得到两条记录；若表中不存在关键字等于给定值的记录，则称查找是不成功的，此时查找的结果可给出一个"空"记录或"空"指针。

查找表按照操作方式来分有两大种：静态查找表和动态查找表。若在查找的同时对表做修改操作(如插入和删除)，则相应的查找表称为**动态查找表**(dynamic search table)；若在查找中不涉及对表的修改操作，则相应的查找表称为**静态查找表**(static search table)。

查找也有内查找和外查找之分。若整个查找过程都在内存中进行，则称为**内查找**(internal search)；反之，若查找的过程需要访问外存，则称为**外查找**(external search)。

查找运算时间主要花费在关键字比较上，通常把查找过程中执行的关键字平均比较次数，即**平均查找长度**作为衡量一个查找算法效率优劣的标准。平均查找长度(average search length，ASL)定义为式(7-1)：

$$ASL = \sum_{i=1}^{n} p_i c_i \tag{7-1}$$

式中，n 是查找表中记录的个数；p_i 是查找第 i 个记录的概率，通常每个记录的查找概率相等，即 $p_i=1/n(1 \leqslant i \leqslant n)$；$c_i$ 是找到第 i 个记录所需进行比较的次数。

【例 7.1】图 7-3 为查找关键字为 5、1、4、8、7、9、2、4、3 的记录时所需要比较的次数，则 ASL $_{成功}$=(1+2+3+4+5+6+7+8+9)/9=5。

比较次数：	1	1	2	3	4	5	6	7	8
关键字	5	1	4	8	7	9	2	4	3

图 7-3 查找表

平均查找长度分为成功情况下的平均查找长度 ASL $_{成功}$ 和不成功(失败)情况下的平均查找长度 ASL $_{不成功}$。显然一个查找算法的 ASL 越小，其时间性能越好。

为了提高查找的效率，需要为查找操作专门设置数据结构。例如，对于静态查找表来说，可以应用线性表结构来组织数据，如果需要动态查找，则会复杂一些，可以考虑二叉排序树的查找技术。本节将详细讨论各种查找结构及其查找算法。

7.2 线性表的查找

线性表是一种最简单的查找表，线性表有顺序存储和链式存储两种存储结构。线性表的查找算法主要有顺序查找、折半查找、斐波那契查找等。

7.2.1 顺序查找

试想一下，要在散落的一大堆书中找到你需要的那本有多么麻烦。碰到这种情况的人大都会考虑做一件事，那就是把这些书排列整齐，如将书竖起来放置在书架上，这样根据书名，就很容易查找到需要的图书，如图 7-4 所示。

图 7-4　图书馆

散落的图书可以理解为一个集合，而将它们排列整齐，就如同是将此集合构造成一个线性表。此时图书尽管已经排列整齐，但还没有分类，因此要找书只能从头到尾或从尾到头一本一本地查看，直到找到或全部查找完。这就相当于顺序查找。

顺序查找(sequential search)是一种最基本的查找技术，它的思路是：从表中第一个(或最后一个)记录开始，逐个将记录的关键字与给定值 k 相比较，若某个记录的关键字和给定值相等，则查找成功，给出该元素在表中的位置；如果直到最后一个(或第一个)记录，其关键字和给定值 k 都不相等，则说明表中没有所查找的记录，查找失败。

顺序存储结构的线性表顺序查找的算法实现如下：

```
int SeqSearch(RecType R[], int n, KeyType k)
{   int i=0;
    while (i<n && R[i].key!=k)   /*从表头往后找*/
        i++;
    if (i>=n)                    /*未找到返回0*/
        return 0;
    else
        return i+1; }            /*找到返回逻辑序号i+1 */
```

【算法 7.1　顺序查找】

对于链式存储结构的线性表，其顺序查找算法也是类似的，这里不再给出。

对于顺序查找算法来说，查找成功最好的情况就是在第一个位置就找到了，算法时间复杂度为 O(1)，最坏的情况是在最后一位置才找到，需要 n 次比较，时间复杂度为 O(n)，当查找不成功时，需要附加 1 次比较，时间复杂度为 O(n+1)。若关键字在任何位置的概率都是相同的，那么有

$ASL_{成功}$=(1+2+3+⋯+n–1+n)/n=(n+1)/2，所以最终时间复杂度还是 O(n)。

顺序查找算法算法非常简单，对静态查找表的记录没有任何要求，在对一些小型数据进行查找时，是可以适用的。但是当 n 很大时，查找效率较低。

7.2.2 折半查找

如果仅仅是把书整理在书架上，要找到一本书还是比较困难的，也就是刚才讲的需要逐个顺序查找。但如果在整理书架时，将图书按照书名的拼音排序放置，那么要找到某一本书就相对容易了。一个线性表有序时，对于查找总是有帮助的。

折半查找(binary search) 技术又称为二分查找，是一种效率较高的查找方法。然而，折半查找的前提是线性表中的记录必须按关键码有序(通常从小到大有序)，这里称为**有序表**，并且线性表必须采用顺序存储结构。

折半查找的基本思想是：在有序表中，取中间记录作为比较对象，若给定值与中间记录的关键字相等，则查找成功；若给定值小于中间记录的关键字，则在中间记录的左半区继续查找 i；若给定值大于中间记录的关键字，则在中间记录的右半区继续查找。不断重复上述过程，直到查找成功，或直到所有查找区域无记录，查找失败。

【例 7.2】对于给定的有序表 a={0,1,16,24,35,47,59,62,73,88,99}，需要查找关键字 key 为 62 的记录，过程如下。

(1) 设置 low=0，high=10，计算得 mid=(0+10)/2=5，如下图所示。

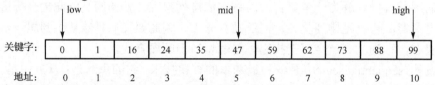

(2) mid 指向的元素 a[5]和 key 进行比较，由于 a[5]=47<key，所以需要在右半区进行查找，设置 low=5+1=6，high 的值不变，计算得 mid=(6+10)/2=8，如下图所示。

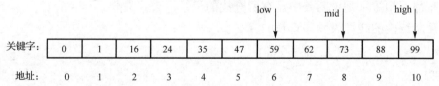

(3) mid 指向的元素 a[8]和 key 进行比较，由于 a[8]=73>key，所以需要在左半区进行查找，设置 high=8-1=7，low 的值不变，计算得 mid=(6+7)/2=6，如下图所示。

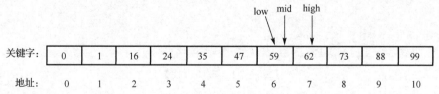

(4) mid 指向的元素 a[6]和 key 进行比较，由于 a[6]=59<key，所以需要在右半区进行查找，设置 low=6+1=7，high 的值不变，计算得 mid=(7+7)/2=7，如下图所示。

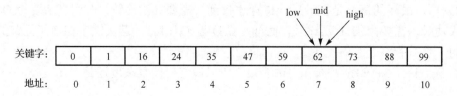

(5) mid 指向的元素 a[7]和 key 进行比较，此时 a[7]=62=key，查找成功，返回 7。

显然，该算法在查找失败的情况下结束的标志应该是 low>high，如例 7.3 所示。

【例 7.3】如果需要查找关键字 key 为 68 的记录，过程如下。

（1）设置 low=0，high=10，计算得 mid =(0+10)/2=5。

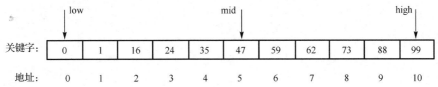

（2）mid 指向的元素 a[5]和 key 进行比较，由于 a[5]=47<key，所以需要在右半区进行查找，设置 low=5+1=6，high 的值不变，计算得 mid =(6+10)/2=8。

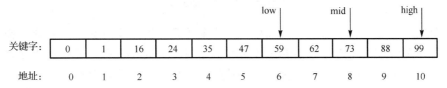

（3）mid 指向的元素 a[8]和 key 进行比较，由于 a[8]=73>key，所以需要在左半区进行查找，设置 high=8-1=7，low 的值不变，计算得 mid =(6+7)/2=6。

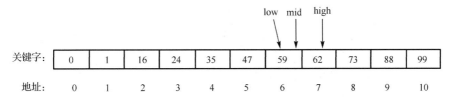

（4）mid 指向的元素 a[6]和 key 进行比较，由于 a[6]=59<key，所以需要在右半区进行查找，设置 low=6+1=7，high 的值不变，计算得 mid =(7+7)/2=7。

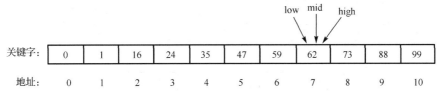

（5）mid 指向的元素 a[7]和 key 进行比较，由于 a[7]=62<key，所以需要在右半区进行查找，设置 low=7+1=8，high 的值不变，依然为 7，此时发现，low>high，则返回查找失败，有序表中没有关键字为 68 的记录。

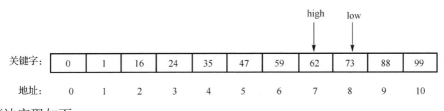

其算法实现如下：

```
int BinSearch(RecType R[ ], int n, KeyType k)
{   int low=0, high=n-1, mid;
```

```
    while (low<=high)              /*当前区间存在元素时循环*/
    {
        mid=(low+high)/2;
        if (k<R[mid].key)          /*继续在 R[low...mid-1]中查找*/
            high=mid-1;
        elseif (k>R[mid].key)
            low=mid+1;             /*继续在 R[mid+1...high]中查找*/
        else
            return mid+1;          /*查找成功返回其逻辑序号mid*/
    }
    return 0;
}
```

【算法 7.2　折半查找】

折半查找的过程可以用二叉树来描述，把当前查找区间的中间位置元素作为根，由左子表和右子表分别构造二叉树作为根的左子树和右子树，由此得到的二叉树称为描述折半查找过程的判定树(decision tree)。判定树中查找成功相应的结点称为内部结点，查找失败对应的结点称为外部结点。

【例 7.4】含有 11 个元素{0,3,16,29,31,43,55,67,78,89,94}的有序表可用图 7-5 所示的判定树来表示。

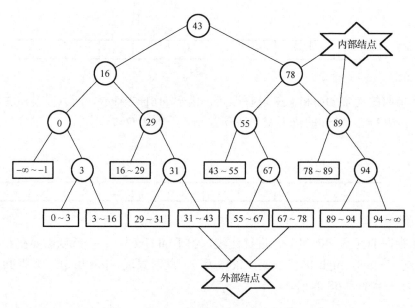

图 7-5　折半查找判定树

显然，若需要查找的元素在判定树的第一层，则需要 1 次比较，如图 7-5 中的关键字 43；若需要查找的元素在判定树的第 i 层，则需要 i 次比较；最坏的情况下需要比较的次数恰好为树的高度，显然，在渐进意义上，含有 n 个顶点的树的高度为 $\log_2 n$，所以该算法的复杂度为 $O(\log_2 n)$。

7.2.3　斐波那契查找

仔细分析折半查找就会发现，该算法每次比较如果向右侧深入就会产生两次比较，而如果向左侧深入则只需要一次比较，这里显然希望左侧的区间更大一些，左侧区间和右侧区间的比值为多少能够得到最优的效果呢？答案是黄金分割点，这就是斐波那契查找。

斐波那契是二分法的改进版，它利用了数学领域的黄金分割法则（也就是 0.618，通过斐波那契数列得到），该算法避免了死板的二分法则，在概率学领域减少了查找次数。如图 7-6 所示，左侧的长度是 f[k–1]–1，右侧的长度是 f[k–2]–1。

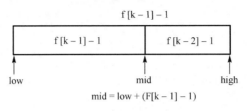

$$mid = low + (F[k – 1] – 1)$$

图 7-6　斐波那契查找

通过斐波那契数组中的值，可以确定 mid 的值。它分为三种情况：

（1）当 key=a[mid]时，查找成功。

（2）当 key<a[mid]时，新范围是第 low 个到第 mid–1 个，此时范围个数为 F[k–1]–1 个。

（3）当 key>a[mid]时，新范围是第 mid+1 个到第 high 个，此时范围个数为 F[k–2]–1 个。

尽管斐波那契查找的时间复杂也为 O（$\log_2 n$），但就平均性能来说，斐波那契查找要优于折半查找。还有比较关键的一点，折半查找要进行加法与除法运算（mid=（low+high）/2)，而斐波那契查找只进行最简单的加法运算（mid=low+F[k–l]–1），在海量数据的查找过程中，这种细微的差别可能会影响最终的查找效率。应该说，二分查找和斐波那契查找本质上是分隔点的选择不同，各有优劣，实际开发时可根据数据的特点综合考虑再做出选择。

本小节所有算法均在 Dev-C++5.8.3 环境中调试通过，完整代码如下：

```
#include<stdio.h>
typedef int KeyType ;
typedef struct
{
    KeyType key;
    char name[10];
}RecType;
int SeqSearch(RecType R[], int n, KeyType k)
{   int i=0;
    while (i<n && R[i].key!=k)          /*从表头往后找*/
        i++;
    if (i>=n)                          /*未找到返回 0*/
        return 0;
    else
        return i+1; }                  /*找到返回逻辑序号 i+1 */
int BinSearch(RecType R[], int n, KeyType k)
{   int low=0, high=n-1, mid;
    while (low<=high)                  /*当前区间存在元素时循环*/
    {
        mid=(low+high)/2;
        if (k<R[mid].key)              /*继续在 R[low. . .mid-1]中查找*/
```

```
            high=mid-1;
        else if (k>R[mid].key)
            low=mid+1;                    /*继续在 R[mid+1...high]中查找*/
        else
            return mid+1;                 /*查找成功返回其逻辑序号 mid */
    }
    return 0;
}
int main( )
{
    RecType array[10];
    int i ;
    for(i=0;i<10;i++)
        array[i].key = i;
    printf("顺序查找:\n");
    printf("第%d 个元素\n",SeqSearch(array,10,6));
    printf("折半查找:\n");
    printf("第%d 个元素",BinSearch(array,10,6));
}
```

顺序查找和折半查找的执行结果如图 7-7 所示。

图 7-7　顺序查找和折半查找执行过程

7.3　二叉排序树

由之前的讨论可以看得出来，折半查找的效率非常高，但是，折半查找要求表中的元素
按照关键字有序，且不适合链表存储结构。因此当表的插入或者删除操作频繁时，为维护表
的有序性，需要花费很大的代价(顺序表的插入、删除操作复杂度为 O(n))。这显然会引起额
外的时间开销，从而使折半查找的优势大大降低。本节介绍几种特殊的二叉树作为查找表的
组织形式，既可以使得插入和删除效率较高，又可以比较高效率地实现查找。

二叉排序树又称二叉搜索树(binary search tree，BST)，其定义为空树或者满足以下性质
的二叉树：

(1)若根结点的左子树非空，则左子树上所有结点的关键字均小于根结点的关键字。

(2)若根结点的右子树非空，则右子树上所有结点的关键字均大于根结点的关键字。

(3)根结点的左子树和右子树本身是一棵二叉排序树。

从二叉排序树的定义也可以知道，它的前提是二叉树，然后它采用了递归的定义方法，

再者，它的结点间满足一定的次序关系，左子树结点一定比其双亲结点小，右子树结点一定比其双亲结点大。构造一棵二叉排序树的目的，其实并不是为了排序，而是为了提高查找和插入、删除关键字的速度。不管怎么说，在一个有序数据集上的查找速度总是要快于无序的数据集，而二叉排序树这种非线性的结构，也有利于插入和删除的实现。

【例7.5】如果现在需要对集合{68,88,47,35,73,51,99,37,93}做查找，在打算创建此集合时就考虑用二叉排序树结构。这里采用逐个元素插入的方式创建二叉排序树。过程如下。

第一步，将第一个结点插入一棵空树，得到只有一个结点的树。

第二步，插入第二个结点88，由于88>68，所以将其插入68的右子树中，由于68的右子树是棵空树，所以可以直接作为68的右子结点插入。

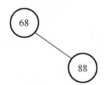

第三步，插入第三个结点47，由于47<68，所以将其插入68的左子树中，由于68的左子树是棵空树，所以可以直接作为68的左子结点插入。

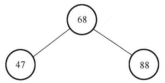

第四步，插入第四个结点35，由于35<68，所以将其插入68的左子树中，68的左子树的根结点是47，由于35<47，所以将其插入47的左子树中，47的左子树是棵空树，所以可以直接作为47的左子结点插入。

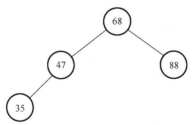

第五步，插入第五个结点73，由于73>68，所以将其插入68的右子树中，68的右子树的根结点是88，由于73<88，所以将其插入88的左子树中，88的左子树是棵空树，所以可以直接作为88的左子结点插入。

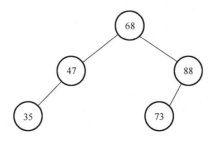

第六步，插入第六个结点 51，由于 51<68，所以将其插入 68 的左子树中，68 的左子树的根结点是 47，由于 51>47，所以将其插入 47 的右子树中，47 的右子树是棵空树，所以可以直接作为 47 的右子结点插入。

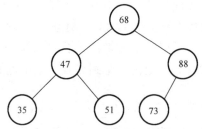

第七步，按照类似的方式插入结点 99、37、93，得到如图 7-8 所示的二叉排序树。

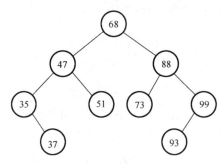

图 7-8　二叉排序树

对这棵二叉排序树进行中序遍历，就可以得到一个有序的序列{35,37,47,51,68,73,88,93,99}。

7.3.1　二叉排序树的插入和创建

由之前的例子可以看得出，二叉排序树的创建过程就是二叉排序树的插入过程。在二叉排序树中插入一个关键字(key)为 k 的结点，要保证插入后仍满足二叉排序树的性质。其插入过程是：若二叉排序树 bt 为空，则创建一个 key 为 k 的结点，将它作为根结点；否则将 k 和根结点的关键字进行比较，若两者相等，说明树中已经存在关键字为 k 的记录，无须插入，直接返回相关信息；若 k<bt->key，则将 k 插入根结点的左子树中，否则插入根结点的右子树中。显然，这是一个递归的过程，其对应的递归算法如下：

```
typedef struct node
{   KeyType key;                        /*关键字项*/
    InfoType data;                      /*其他数据域*/
    struct node *Lchild, *Rchild;       /*左、右孩子指针*/
}  BSTNode;
intInsertBST(BSTNode *&p, KeyType k)
{
    if (p==NULL)                        /*原树为空，新插入的记录为根结点*/
{
        p=(BSTNode *)malloc(sizeof(BSTNode));
        p->key=k;p->Lchild=p->Rchild=NULL;
        return 1;
```

```
    }
    else if(k==p->key)                 /*存在相同关键字的结点，返回0*/
        return 0;
    else if (k<p->key)
        return InsertBST(p->Lchild,k);  /*插入左子树中*/
    else
        return InsertBST(p->Rchild,k);  /*插入右子树中*/
}
```

【算法 7.3　二叉排序树插入操作】

7.3.2　二叉排序树的查找

因为二叉排序树是有序的，所以在二叉排序树中进行查找和折半查找类似，也是一个逐步缩小范围的过程，其递归算法如下：

```
BSTNode *SearchBST(BSTNode *bt, KeyType k)
{
    if (bt==NULL || bt->key==k)         /*递归出口*/
        return bt;
    if (k<bt->key)
    return SearchBST(bt->Lchild,k);      /*在左子树中递归查找*/
    else
    return SearchBST(bt->Rchild,k);      /*在右子树中递归查找*/
}
```

【算法 7.4　二叉排序树查找操作】

7.3.3　二叉排序树的删除

相对于二叉排序树的插入和查找操作，二叉排序树的删除就要复杂一些，删除需要考虑多种情况。如果需要查找并删除 37、51、73、93 这些叶子结点，那就相对容易，因为删除它们不会对整棵树其他结点的结构产生影响。如果要删除的结点只有左子树或只有右子树，那也比较好解决，只需要在结点删除后，将它的左子树或右子树整个移动到删除结点的位置即可。

【例 7.6】图 7-9 为先后删除 35、99、51 结点的变化图，最终，整个结构还是一棵二叉排序树。

但是如果要删除的结点既有左子树又有右子树，情况就要复杂一些。根据二叉排序树的特点，可以从其左子树中选择关键字最大的结点 r，用结点 r 的值代替被删除结点的值，并删除结点 r(由于 r 结点一定是没有右子树的，删除 r 的情况就变得简单了)。这种方式也可以理解为用被删除结点的中序前驱结点替换被删除结点；当然也可以选择被删除结点的中序后继结点替换被删除结点，即选择被删除结点右子树中最大的结点 r，然后用结点 r 的值代替被删除结点的值，并删除结点 r(由于结点 r 一定没有左子树，所以删除 r 的情况也比较简单)。

【例 7.7】图 7-10 为先后删除 47、88、68 结点的变化图，最终，整个结构还是一棵二叉排序树。

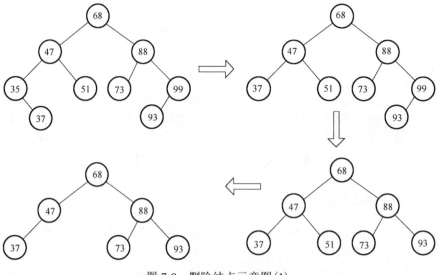

图 7-9 删除结点示意图(1)

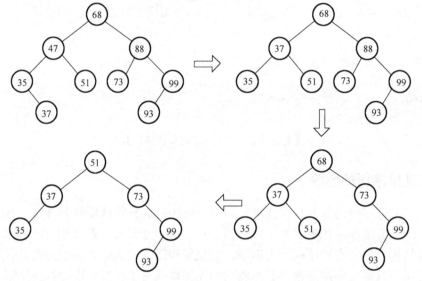

图 7-10 删除结点示意图(2)

实现代码如下:

```
int DeleteBST(BSTNode *&bt, KeyType k)
/*在 bt 中删除关键字为 k 的结点*/
{
    if (bt==NULL)
        return 0;                         /*空树删除失败*/
    else
    {
        if (k<bt->key)
            return DeleteBST(bt->Lchild, k);
        else if (k>bt->key)
            return DeleteBST(bt->Rchild, k);
```

```
        else                        /*bt->key=k */
        {
            Delete(bt);             /*Delete(bt)函数删除 bt 结点*/
            return 1;
        }
    }
}
void Delete(BSTNode *&p)            /*从二叉排序树中删除 p 结点*/
{
    BSTNode *q;
    if (p->Rchild==NULL)            /*p 结点没有右子树的情况*/
    {
        q=p;
        p=p->Lchild;                /*用其左孩子结点替换它*/
        free(q);
    }
    else if (p->Lchild==NULL)       /*p 结点没有左子树的情况*/
    {
        q=p; p=p->Rchild;           /*用其右孩子结点替换它*/
        free(q);
    }
    else
        Delete1(p,p->Lchild);
                                    /*p 结点既没有左子树又没有右子树的情况*/
}
```

【算法 7.5   二叉排序树删除操作】

二叉排序树是以链式方式存储的，保持了链式存储结构在执行插入或删除操作时不用移动元素的优点，只要找到合适的插入和删除位置后，仅需修改链接指针即可。而对于二叉排序树的查找，查找路径就是从根结点到要查找的结点的路径，其比较次数等于被查找结点在

二叉排序树中的层数。最少为 1 次，即根结点就是本查找结点，最坏的情况也不会超过树的深度。也就是说，二叉排序树的查找性能取决于二叉排序树的形状。可问题就在于，二叉排序树的形状是不确定的。

如 {68,88,47,35,73,51,99,37,93} 这样的输入序列，可以构建上述所讲的二叉排序树。但如果数组元素的次序是从小到大有序的，如 {35,37,47,51,68,73,88,93,99}，则构建的二叉排序树就成了极端的右斜树，这棵树的深度等于其结点个数，所以查找复杂度也就相应地变成了 O(n)，如图 7-11 所示。

二叉排序树的查找算法复杂度取决于二叉排序树的高度，对于有 n 个结点的二叉排序树，设其高度为 h，则有 $\log_2 n \leqslant h \leqslant n$；显然，最好的情况应

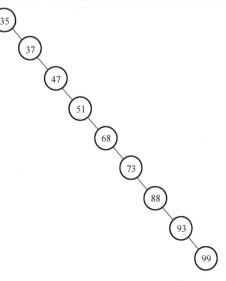

图 7-11   极端右斜二叉排序树

该是构造的二叉排序树接近完全二叉树,然而,构造及维护一棵完全二叉树的代价是极高的。所以人们研究了很多方式来做到适度的平衡,即使二叉树的高度在渐进的意义下为 $\log_2 n$,其中较为著名的有 AVL 树。

7.4　平衡二叉树

平衡二叉树(height-balanced binary search tree)是一种二叉排序树,其中每一个结点的左子树和右子树的高度差至多等于 1。有两位俄罗斯数学家 G. M. Adelson-Velskii 和 E. M. Lanrus 在 1962 年共同发明了一种解决平衡二叉树的算法,所以也称这样的平衡二叉树为 AVL 树。

AVL 树是一种适度平衡的二叉排序树,它可以实现近乎理想的平衡。在渐进的意义下,AVL 树始终可以将其高度控制在 $O(\log_2 n)$ 以内,从而保证每次查找、删除操作均可以在 $O(\log_2 n)$ 的时间内完成。

7.4.1　定义及性质

平衡因子(balance factor):一个结点的平衡因子是该结点的左子树高度减去其右子树的高度。

AVL 树:AVL 树是所有结点的平衡因子的绝对值均不超过 1 的二叉搜索树。

平衡性:平衡二叉树上所有结点的平衡因子只可能是-1、0 和 1,只要二叉树上有一个结点的平衡因子的绝对值大于 1,则该二叉树就是不平衡的。

【**例 7.8**】图 7-12(a)不是平衡二叉树,因为平衡二叉树的前提首先是一棵二叉排序树,图上的 6 比 4 大,却是 4 的左子树,所以它就不是二叉排序树;图 7-12(b)不是平衡二叉树,因为 5 的平衡因子是 2;图 7-12(b)经过适当的调整后的图 7-12(c),就符合了定义,因此它是平衡二叉树。

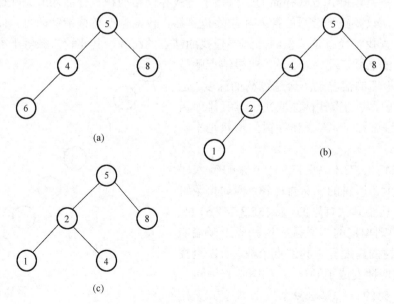

图 7-12　平衡二叉树

AVL 树不仅是一棵二叉排序树,它还有其他的性质,如果按照一般的二叉排序树的插入方式可能会破坏 AVL 树的平衡性。同理，在删除的时候也有可能会破坏树的平衡性，以下分别介绍失衡二叉排序树重平衡的调整算法。

7.4.2 插入操作

如图 7-13 所示，在插入结点 40 后，多个结点出现失衡的情况（35、47、68），且失衡结点都是 40 的祖先，且高度不低于 40 的祖父结点。

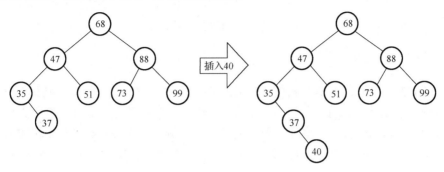

图 7-13　失衡结点

这里将插入结点记为 x，最低层的失衡结点记为 g(x)，将 x 与 g(x) 通路上 g(x) 的子结点记为 p，通路上 p 的子结点记为 v，如图 7-13 所示，g(x) 为结点 35，p 为结点 37，v 为结点 40。下面按照 g(x)、p、v 的相对位置分别讨论重平衡的调整算法。

1. LL 情况——右旋

在图 7-14 中 G1 所示的 AVL 树的 T1 或者 T2 子树中插入一个结点，得到如图 7-14 中 G2 所示的二叉树，此时结点 g 的平衡因子为 2，所以 G2 不是平衡二叉树。按照失衡的方向，称这种情况为左左（LL）情况。此时，需要通过一次右旋进行调整：g 向右旋转成为 p 的右子结点；同时，T3 放到 g 的左孩子上，这样便可得到一棵新的 AVL 树 G3，旋转过程如图 7-14 所示。

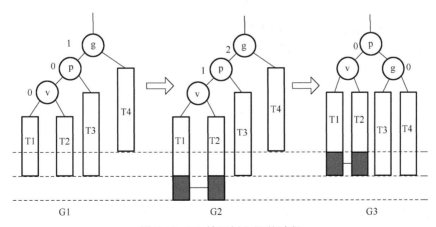

图 7-14　LL 情况插入调整过程

【例 7.9】LL 情况的右旋示例如图 7-15 所示。

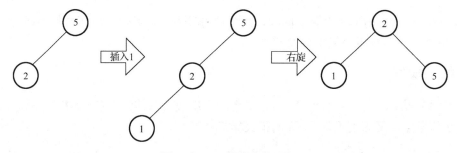

图 7-15　LL 情况右旋示例

2. RR 情况——左旋

在图 7-16 中 G1 所示的 AVL 树的 T3 或者 T4 子树中插入一个结点,得到如图 7-16 中 G2 所示的二叉树,此时结点 g 的平衡因子为−2,所以 G2 不是平衡二叉树。按照失衡的方向,称这种情况为右右(RR)情况。此时,需要通过一次左旋进行调整:g 向左旋转成为 p 的左子结点;同时,T2 放到 g 的右孩子上,这样便可得到一棵新的 AVL 树 G3,旋转过程如图 7-16 所示。

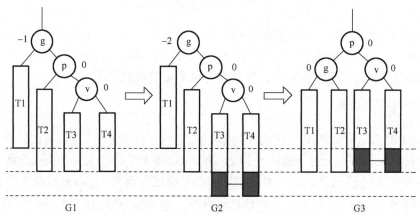

图 7-16　RR 情况插入调整过程

【例 7.10】RR 情况的左旋示例如图 7-17 所示。

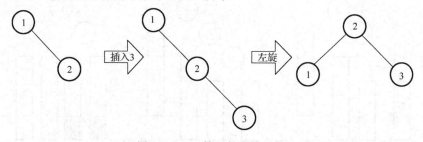

图 7-17　RR 情况的左旋示例

以上就是插入操作时的单旋转情况,显然 T1、T2、T3、T4 是子树,当然也可以为空,但这并不会影响调整算法。

3. LR 情况——先左旋再右旋

在图 7-18 中 G1 所示的 AVL 树的 T2 或者 T3 子树中插入一个结点,得到如图 7-18 中 G2

所示的二叉树，此时结点 g 的平衡因子为 2，所以 G2 不是平衡二叉树。按照失衡的方向，称这种情况为左右(LR)情况。此时，需要先进行一次左旋调整：p 向左旋转成为 v 的左子结点，v 成为 g 的左子结点；同时，T2 放到 p 的右孩子上，这样便可得到一棵新的 AVL 树 G3，此时 G3 已然不平衡(g 的平衡因子为 2)，所以要继续进行一次右旋操作：g 向右旋转成为 v 的右子结点；同时，T3 放到 g 的左孩子上，旋转过程如图 7-18 所示。

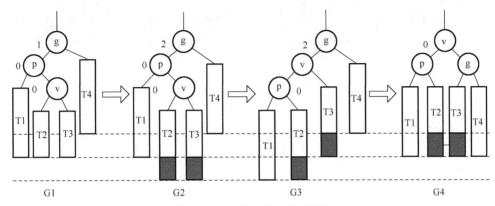

图 7-18　LR 情况插入调整过程

【例 7.11】LR 情况的调整经过了两次旋转，称为双旋，LR 情况的双旋调整示例如图 7-19 所示。

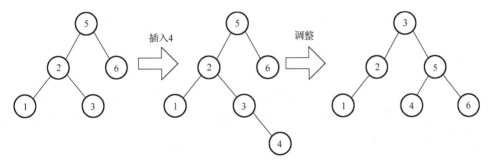

图 7-19　LR 情况的双旋调整示例

4. RL 情况——先右旋再左旋

在图 7-20 中 G1 所示的 AVL 树的 T2 或者 T3 子树中插入一个结点，得到如图 7-20 中 G2 所示的二叉树，此时结点 g 的平衡因子为–2，所以 G2 不是平衡二叉树。按照失衡的方向，称这种情况为右左(RL)情况。此时，需要先进行一次右旋调整：p 向右旋转成为 v 的右子结点，v 成为 g 的右子结点；同时，T3 放到 p 的左孩子上，这样便可得到一棵新的 AVL 树 G3，此时 G3 已然不平衡(g 的平衡因子为–2)，所以要继续进行一次左旋操作：g 向右旋转成为 v 的左子结点；同时，T2 放到 g 的右孩子上，旋转过程如图 7-20 所示。

【例 7.12】RL 情况的双旋调整示例如图 7-21 所示。

通过上述四种情况不难发现，经过调整之后子树的高度和插入结点之前一样，所以平衡二叉树的一次插入过程可能会导致多个结点同时失去平衡。然而，只需要通过调整来解决最低层局部的不平衡，整棵二叉树又能随即恢复平衡。

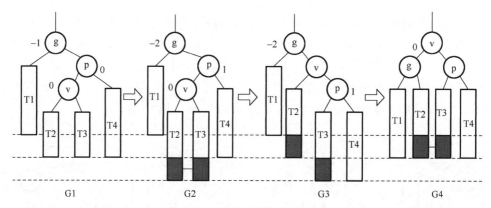

G1   G2   G3   G4

图 7-20   RL 情况插入调整过程

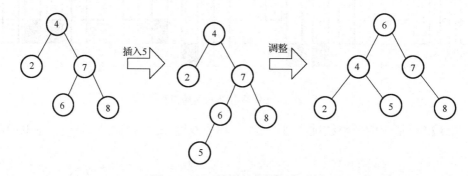

图 7-21   RL 情况的双旋调整示例

7.4.3   删除操作

与插入操作不同，在删除结点 x 之后，以及在随后的调整过程中，失衡结点始终至多含有一个结点，且失衡结点可能就是被删除结点 x 的父结点。如图 7-22 所示，在删除结点 51 后，结点 47 出现失衡的情况。

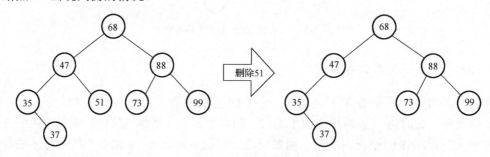

图 7-22   结点失衡

与插入结点相同，经过 $O(\log_2 n)$ 的时间即可确定失衡结点的位置，经过一定的调整，失衡结点可以恢复局部平衡。调整方法和插入结点基本相同，依然将最低层的失衡结点记为 $g(x)$，将 x 与 $g(x)$ 通路上 $g(x)$ 的子结点记为 p，通路上 p 的子结点记为 v，如图 7-22 所示，$g(x)$ 为结点 47，p 为结点 35，v 为结点 37。依然可以根据 $g(x)$、p、v 的相对位置分别讨论重平衡的调整算法。

1. LL 情况——右旋

在图 7-23 中 G1 所示的 AVL 树的 T4 子树中删除一个结点，得到如图 7-23 中 G2 所示的二叉树，此时结点 g 的平衡因子为 2，所以 G2 不是平衡二叉树。按照失衡的方向，称这种情况为左左(LL)情况。此时，需要通过一次右旋进行调整：g 向右旋转成为 p 的右子结点；同时，T3 放到 g 的左孩子上，这样便可得到一棵新的 AVL 树 G3，旋转过程如图 7-23 所示。

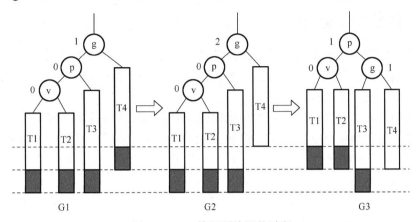

图 7-23　LL 情况删除调整过程

2. LR 情况——先左旋再右旋

在图 7-24 中 G1 所示的 AVL 树的 T2 或者 T3 子树中删除一个结点,得到如图 7-24 中 G2 所示的二叉树，此时结点 g 的平衡因子为 2，所以 G2 不是平衡二叉树。按照失衡的方向，称这种情况为左右(LR)情况。此时，需要先进行一次左旋调整：p 向左旋转成为 v 的左子结点，v 成为 g 的左子结点；同时，T2 放到 p 的右孩子上，这样便可得到一棵新的 AVL 树 G3，此时 G3 已然不平衡(g 的平衡因子为 2)，所以要继续进行一次右旋操作：g 向右旋转成为 v 的右子结点；同时，T3 放到 g 的左孩子上，旋转过程如图 7-24 所示。

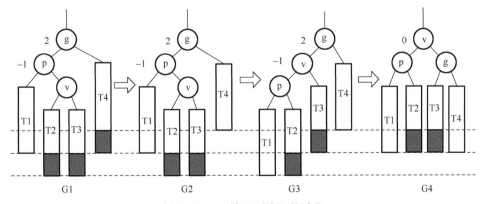

图 7-24　LR 情况删除调整过程

不难发现，与插入操作不同的是，在删除结点之后，尽管可以通过调整使局部子树恢复重平衡，但恢复平衡之后，局部子树的高度可能降低，这就会导致局部子树的父结点再次失衡。假设 x 重平衡之后，局部子树的高度的确降低，此时，若 x 原本属于某一祖先的更短分支，现在该分支的高度进一步缩短，从而使该祖先再次失衡。在删除结点之后的调整过程中，这种由于低层失衡结点重平衡而致使更高层祖先失衡的现象，称为"失衡传播"。

需要注意的是，失衡传播的方向必然自底向上，而不致影响后代结点。在此过程的任意时刻至多有一个失衡结点，高层结点的平衡可能会因为低层结点的重平衡而转为失衡。因此，可沿失衡结点的父指针逐层遍历所有祖先，找到每一个失衡的祖先，然后套用之前的重平衡方法，使整棵 AVL 树最终实现重平衡。

7.4.4 统一调整（3+4 重构）

上述重平衡的方法，需要根据失衡结点及其孩子结点、孙子结点的相对位置关系，分别做单旋或双旋调整。按照这一思路直接实现调整算法，代码量大且流程复杂，为此，以下引入一种更为简单、统一的处理方法。

无论对于插入还是删除操作，新方法也同样需要从刚发生修改的位置 x 出发逆行而上，直至遇到最低层的失衡结点 g(x)。于是在 g(x) 更高一侧的子树内，其孩子结点 p 和孙子结点 v 必然存在，而这一局部必然可以 g(x)、p、v 为界分解为四棵子树，按照之前的惯例，将它们按照从左到右重命名为 T1～T4。

若同样按照从左到右的顺序，重新排列 g(x)、p 和 v，并将其按照从左到右的顺序命名为 a、b、c，则这一局部从左到右的顺序为{T1,a,T2,b,T3,c,T4}。更重要的是，纵观之前的分析，这四棵子树的高度相差不超过一层，所以只需要将这三个结点和四棵子树重新"组装"起来，恰好是一棵 AVL 树，如图 7-25 所示。

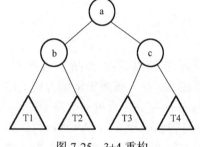

图 7-25 3+4 重构

实际上，这一理解涵盖了 7.4.2 小节和 7.4.3 小节所有的单旋和双旋情况，相应的重构过程仅涉及三个结点和四棵子树，故称作 3+4 重构。

本小节所有算法均在 Dev-C++5.8.3 环境中调试通过，旋转法完整代码如下：

```cpp
#include <iostream>
#include <cstdio>
#include <cstdlib>
using namespace std;
int MAX(int a,int b)
{
    return a>b?a:b;
}
struct Node
{
    int data;
    Node *left;
    Node *right;
}
int treeHeight(Node*&root)
{   /*计算某一个结点高度的函数*/
    if(root == NULL)    return 0;
```

```
          else
              return MAX(treeHeight(root->left),treeHeight(root->right)) + 1;
}
int treeGetBalanceFactor(Node*&root)
{     /*计算平衡因子的函数*/
     if(root == NULL)     return 0;
      else     return treeHeight(root->left) - treeHeight(root->right);
}
void treeRotateRight(Node*&root)
{    /*右旋操作*/
     Node* left = root->left;
     Node* right = root->right;
     root->left = left->right;
     left->right = root;
     root = left;
}
void treeRotateLeft(Node*&root)
{     /*左旋操作*/
     Node* left = root->left;
     Node* right = root->right;
     root->right = right->left;
     right->left = root;
     root = right;
}
void treeRebalance(Node*&root)
{   /*更新 AVL 树*/
     int factor = treeGetBalanceFactor(root);     /*factor 为树的平衡因子*/
     if(factor > 1 && treeGetBalanceFactor(root->left) > 0)
     {     /*LL 型*/
     treeRotateRight(root);
     }
     else if(factor > 1 && treeGetBalanceFactor(root->left) <= 0)
     { /*LR 型*/
        treeRotateLeft(root->left);
        treeRotateRight(root);
     }
     else if(factor < -1 && treeGetBalanceFactor(root->right) <= 0)
     { /*RR 型*/
        treeRotateLeft(root);
     }
     else if(factor < -1 && treeGetBalanceFactor(root->right) > 0)
     { /*RL 型*/
        treeRotateRight(root->right);
        treeRotateLeft(root);
     }
  }
void treeInsert(Node*&root, int value)   /*插入数据*/
{
```

```c
    if(root == NULL)
    {
        root = (Node *)malloc(sizeof(Node));
        root->data = value;
        root->left = NULL;
        root->right = NULL;
    }
    else if(root->data == value)
        return;
        else  if(root->data < value)
            treeInsert(root->right,value);
            else  treeInsert(root->left,value);
                treeRebalance(root);   /*更新 AVL 树*/
}
void PreOrder(Node* temp)
{
    if(temp==NULL) return;
    printf("%d ",temp->data);
    PreOrder(temp->left);
    PreOrder(temp->right);
}
void MidOrder(Node* temp)
{
    if(temp==NULL) return;
    MidOrder(temp->left);
    printf("%d ",temp->data);
    MidOrder(temp->right);
}
void PostOrder(Node* temp)
{
    if(temp==NULL) return;
    PostOrder(temp->left);
    PostOrder(temp->right);
    printf("%d ",temp->data);
}
int main()
{
    Node* tree_root = NULL;
    for(int i=1;i<=10;i++)
        treeInsert(tree_root,i);
    printf("\n 先序遍历: ");
    PreOrder(tree_root);
    printf("\n 中序遍历: ");
    MidOrder(tree_root);
    printf("\n 后序遍历: ");
    PostOrder(tree_root);
    return 0;
}
```

创建 AVL 树并遍历执行过程如图 7-26 所示。

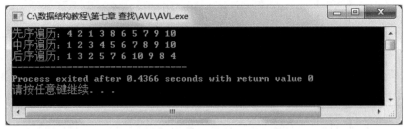

图 7-26　创建 AVL 树并遍历执行过程

7.5　哈　希　表

假设有一个班的学生表，包含 40 个学生元素(n=40)，每个学生元素包含学号、姓名、性别、年龄等数据项，其中学号是关键字，表中的元素无序排列。由于学生都是一个班级的，所以学号前 7 位相同，都是 1800802，后 2 位是学生的序号，序号并不是连续的，如表 7-1 所示。对于这种情况，如果采用顺序存储，用顺序查找法去查找，算法复杂度显然为 O(n)；如果将学生按照学号排列有序，然后用折半查找法进行查找，显然复杂度为 O(log₂n)。

本节介绍一种数据结构，用 O(1) 的时间复杂度就可以实现查找。采用长度为 100 的一维数组进行存储，使用函数 h(学号)=学号–180080200，用学号计算出学生的函数值，将该元素存放在数组下标为函数值的位置。

【例 7.13】如图 7-27 所示，这种存储方式如果要查找学号为 180080236 的学生，则只需要在数组下标为 36(h(180080236) = 180080236–180080200)的位置去查找该学生的信息即可，这种结构便是哈希表。

表 7-1　学生表

学号	姓名	性别	年龄
180080200	张三	男	18
180080275	李四	女	19
180080202	王五	女	21
180080203	周六	男	20

地址：	0	1	2	3	4	…	75	…
关键字：	180080200		180080202	180080203			180080275	

图 7-27　学生表的存储结构

7.5.1　哈希表的定义

哈希(Hash)技术是在记录的存储位置和它的关键字之间建立一个确定的函数 f，使得每个关键字 key 对应一个存储位置 f(key)。查找时,根据这个函数找到给定值 key 的映射 f(key),若查找集合中存在这个记录,则必定在 f(key) 的位置上。函数 f 称为**哈希(Hash)函数**,又称为散列函数。按这个思想,采用散列技术将记录存储在一块连续的存储空间中,这块连续的存储空间称为散列表或**哈希表**(Hash table)。那么关键字对应的记录存储位置称为**哈希地址**。哈希技术示意图如图 7-28 所示。

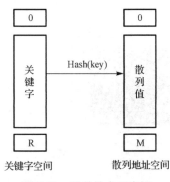

图 7-28　哈希技术示意图

哈希技术既是一种存储方法，也是一种查找方法。然而它与线性表、树、图等结构不同的是，表、树、图等结构的数据元素之间都存在某种逻辑关系，可以用连线图示表示出来，而哈希技术的记录之间不存在逻辑关系，它只与关键字有关联。当一组数据的关键字与存储地址之间存在某种映射关系时，这组数据适合采用哈希表存储。哈希过程分为以下两步。

(1)在存储时，通过哈希函数计算记录的哈希地址，并按此哈希地址存储该记录。不管什么记录，需要用同一个哈希函数计算出地址再存储。

(2)当查找记录时，通过同样的哈希函数计算记录的哈希地址，按此散列地址访问该记录。

在理想的情况下，每一个关键字通过哈希函数计算出来的地址都是不一样的，可实际上，经常会碰到两个不同的关键字 key1、key2，但是却有 f(key1)=f(key2)，这种现象称为冲突(collision)，并把 key1 和 key2 称为这个哈希函数的同义词(synonym)。出现了哈希冲突当然非常糟糕，虽然可以通过精心设计的哈希函数让冲突尽可能少，但哈希冲突是不能完全避免的。

在哈希表中，虽然冲突很难避免，但发生冲突的可能性却有大有小，这会影响哈希表的性能。哈希表的性能主要和三个因素有关。

(1)装填因子(load factor)。装填因子是指哈希表中已经存入的元素个数 n 和哈希地址空间 m 的比值，即 α= n/m。α 越小，发生冲突的可能性越低，因为 α 越小，意味着哈希表中空闲单元的比例越大，所以待插入元素和已插入元素发生冲突的可能性就越小；另外，α 越小，意味着存储空间的利用率就越低。所以既要降低冲突发生的概率，又要提高存储空间的利用率，这是一个矛盾的需求，一般情况下 α 控制在 0.6～0.9。

(2)哈希函数的选择。哈希函数选择得当，就可以使哈希地址尽可能均匀地分布在哈希地址空间上，从而减少冲突发生的概率。反之，如果哈希函数选择不得当，就可能导致哈希地址集中于某些区域，从而加大冲突发生的概率。

(3)既然冲突不可能完全避免，出现冲突后该如何解决就显得尤为重要了，哈希表的性能也和冲突解决方法密切相关。

7.5.2　哈希函数的构造方法

好的哈希函数有两个原则可以参考。

(1)计算简单。设计一个算法可以保证所有的关键字都不会产生冲突，但是这个算法需要很复杂的计算，会耗费很多时间，这对于频繁地查找来说，就会大大降低查找的效率。因此哈希函数的计算时间不宜过长。

(2)地址分布均匀。降低冲突发生的可能性，最好的办法就是尽量让哈希地址均匀地分布在存储空间中，这样可以保证存储空间的有效利用，并减少为处理冲突而耗费的时间。

接下来介绍几种常用的哈希函数构造方法。

1)直接定址法

直接定址法就是指关键字 key 的某个线性函数值为哈希地址的方法，即 f(key) =a*key+b

（a、b 为常数）。这样的哈希函数的优点就是简单、均匀，也不会产生冲突，但问题是这需要事先知道关键字的分布情况，适合查找表较小且连续的情况。由于这样的限制，在现实应用中，此方法虽然简单，但却并不常用。

2）数字分析法

数字分析法是提取关键字中较为均匀的数字作为哈希地址。适合于所有数字已知的情况，并且要对关键字的每一位进行均匀性分析。

【例 7.14】对于关键字是位数比较多的数字，如 10 位学号"1800802076"，其中前 5 位是学院代码，中间 3 位是班级代码，后 2 位才是该学生在该班级的编号，如图 7-29 所示。

1	8	0	0	8	0	2	0	7	6		7	6
1	8	0	0	8	0	2	0	6	3		6	3
1	8	0	0	8	0	2	0	5	7		5	7
1	8	0	0	8	0	2	0	2	8	⇒	2	8
1	8	0	0	8	0	2	0	1	9		1	9
1	8	0	0	8	0	2	0	1	3		1	3
1	8	0	0	8	0	2	0	0	9		0	9
1	8	0	0	8	0	2	0	7	8		7	8

图 7-29　数字分析法

要实现班级管理系统，如果用学号作为关键字，那么极有可能前 8 位都是相同的。那么选择后面的两位作为哈希地址就是不错的选择。

3）平方取中法

平方取中法计算很简单，假设关键字是 1234，那么它的平方就是 1522756，再抽取中间的 3 位就是 227，用作哈希地址。

【例 7.15】若关键字是 4321，那么它的平方就是 18671041，抽取中间的 3 位既可以是 671，也可以是 710，用作哈希地址。平方取中法比较适合于不知道关键字的分布，而位数又不是很大的情况。

4）折叠法

折叠法是将关键字从左到右分割成位数相等的几部分（注意最后一部分位数不够时可以短些），然后将这几部分叠加求和，并按哈希表表长取后几位作为哈希地址。

【例 7.16】若关键字是 9876543210，哈希表表长为 3 位，可以将它分为四组，987 654 321 0，然后将它们叠加求和 987+654+321+0=1962，再取后 3 位得到哈希地址为 962。这样可能还不能够保证分布均匀，不妨从一端向另一端来回折叠后对齐相加。如将 987 和 321 反转，再与 654 和 0 相加，变成 789+654+123+0=1566，此时哈希地址为 566。折叠法事先不需要知道关键字的分布，适合关键字位数较多的情况。

5）除留余法

除留余法为最常用的构造哈希函数的方法，它用关键字 key 除以某个不大于哈希表长的整数。如果哈希表长为 m，则哈希函数为：$f(key)=key \bmod p \ (p \leqslant m)$。

【例 7.17】若关键字序列为：0,1,16,24,35,47,59,62,80,83，哈希表表长为 13，选取 p=13，可以得到如图 7-30 所示的哈希表。

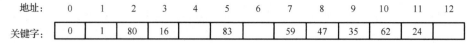

地址:	0	1	2	3	4	5	6	7	8	9	10	11	12
关键字:	0	1	80	16		83		59	47	35	62	24	

图 7-30 除留余法得到的哈希表

很显然，除留余法的关键就在于选择合适的 p，p 如果选得不好，就会容易产生同义词。根据经验，若哈希表长为 m，通常 p 为小于或等于表长（最好接近 m）的最小质数或不包含小于 20 质因子的合数。

7.5.3 处理哈希冲突的方法

从除留余数法的例子也可以看出，设计得再好的散列函数也不可能完全避免冲突，既然冲突不能避免，就要考虑如何处理它。解决哈希冲突的方法有很多，主要有开放地址法和链地址法两大类。

1. 开放地址法

用开放地址法处理冲突就是当冲突发生时，形成一个地址序列，沿着这个序列逐个探测，直到找出一个"空"的开放地址，将发生冲突的关键字值存放到该地址中。开放地址法通常需要有三种方法：线性探测法、平方探测法、再哈希法。

1）线性探测再哈希

线性探测法是从发生冲突的地址（设为 d）开始，依次探查 d+1,d+2,…,m−1（m 为哈希表长度，当达到表尾 m−1 时，又从 0 开始探查）等地址，直到找到一个空闲位置来存放冲突处的关键字。若整个地址都找遍仍无空地址，则产生溢出。线性探测法的数学递推描述公式如式 (7-2) 所示：

$$\begin{cases} d_0 = H(k) \\ d_i = (d_{i-1} + i) \bmod m \end{cases} \tag{7-2}$$

式中，d_{i-1} 为上一次哈希值。

【例 7.18】已知哈希表大小 11，哈希表名字为 A，给定关键字序列 (20,30,70,15,8,12,18,63,19)。哈希函数为 H(k)=k%11，采用线性探测法处理冲突，过程如下。

H(20)=9，可直接存放到 A[9] 中。

H(30)=8，可直接存放到 A[8] 中。

H(70)=4，可直接存放到 A[4] 中。

H(15)=4，冲突；

  $d_0=4$；

  $d_1=(4+1)\%11=5$，将 15 放入 A[5] 中。

H(8)=8，冲突；

  $d_0=8$；

  $d_1=(8+1)\%11=9$，仍冲突；

  $d_2=(8+2)\%11=10$，将 8 放入 A[10] 中。

H(12)=1，可直接存放到 A[1] 中。

H(18)=7，可直接存放到 A[7] 中。

H(63)=8，冲突；

    $d_0=8$；

    $d_1=(8+1)\%11=9$，仍冲突；

    $d_2=(8+2)\%11=10$，仍冲突；

    $d_3=(8+3)\%11=0$，将 63 放入 A[0]中。

H(19)=8，冲突；

    $d_0=8$；

    $d_1=(8+1)\%11=9$，仍冲突；

    $d_2=(8+2)\%11=10$，仍冲突；

    $d_3=(8+3)\%11=0$，仍冲突；

    $d_4=(8+4)\%11=1$，仍冲突；

    $d_5=(8+5)\%11=2$，将 19 放入 A[2]中。

由此得哈希表，如图 7-31 所示。

图 7-31　线性探测再哈希示例

所以，平均查找长度为 $(1\times5+2+3+4+6)/9 = 20/9$。

利用线性探测法处理冲突容易造成关键字的"堆积"问题。这是因为当连续 n 个单元被占用后，再哈希到这些单元上的关键字和直接哈希到后面一个空闲单元上的关键字都要占用这个空闲单元，致使该空闲单元很容易被占用，从而发生非同义冲突。造成平均查找长度的增加。

为了克服堆积现象的发生，可以用下面的方法替代线性探测法。

2）平方探测再哈希

设发生冲突的地址为 d，则平方探测法的探查序列为：$d_{12},d_{22},\cdots$直到找到一个空闲位置。平方探测法的数学描述公式如式（7-3）所示：

$$\begin{cases} d_0 = H(k) \\ d_i = (d_{i-1} + i^2) \bmod m \end{cases} \quad (7-3)$$

平方探测法和上面的线性探测法的实现过程一样，只不过这里解决冲突的新哈希地址不同而已。若解决冲突时，探查了一半单元仍找不到一个空闲单元，则表明此哈希表太满，需重新建立哈希表。

2. 链地址法

用链地址法解决冲突的方法是：把所有关键字为同义词的记录存储在一个线性链表中，这个链表称为同义词链表。并将这些链表的表头指针放在数组中（下标从 0 到 m-1），这类似于图中的邻接表和树中孩子链表的结构。

【例 7.19】已知哈希表大小为 11，哈希表名字为 A，给定关键字序列（20,30,70,15,8,12,18,63,19）。哈希函数为 H(k)=k%11，采用链地址法处理冲突，结果如图 7-32 所示。

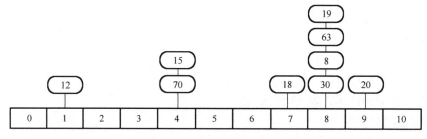

图 7-32　链地址法

链地址法查找分析如下：各链表中的第一个元素的查找长度为 1，第二个元素的查找长度为 2，依次类推。因此，在等概率情况下成功的平均查找长度为

$$(1×5+2×2+3×1+4×1)/9=16/9$$

虽然链地址法要多费一些存储空间，但是彻底解决了"堆积"问题，大大提高了查找效率。链地址法对于可能会造成很多冲突的哈希函数来说，提供了绝不会出现找不到地址的保障。当然，这也就带来了查找时需要遍历单链装的性能损耗。

7.5.4　哈希表查找性能

如果没有冲突，哈希查找是本章介绍的所有查找中效率最高的，因为它的时间复杂度为 O(1)。可惜，只是"如果"，没有冲突的哈希查找只是一种理想，在实际的应用中，冲突是不可避免的。那么哈希查找的平均查找长度取决于哪些因素呢？

(1)散列函数是否均匀。哈希函数的好坏直接影响着出现冲突的频繁程度，不过，由于不同的哈希函数对同一组随机的关键字，产生冲突的可能性是相同的，因此可以不考虑它对平均查找长度的影响。

(2)处理冲突的方法。对于相同的关键字、相同的哈希函数，其处理冲突的方法不同，平均查找长度不同。例如，线性探测处理冲突可能会产生堆积，显然就没有平方探测法好，而链地址法处理冲突不会产生任何堆积，因而具有更佳的平均查找性能。

(3)哈希表的装填因子。装填因子 α=填入表中的记录个数/哈希表长度。α 标志着哈希表的装满程度。填入表中的记录越多，α 就越大，产生冲突的可能性就越大。例如，如图 7-31 所示，如果哈希表长度是 11，而填入表中的记录个数为 9，那么此时的装填因子 α=9/11=0.8181，再填入最后一个关键字产生冲突的可能性就非常之大。也就是说，哈希表的平均查找长度取决于装填因子，而不是取决于查找集合中的记录个数。不管记录个数 n 有多大，总可以选择一个合适的装填因子以便将平均查找长度限定在一个范围之内，此时哈希查找的时间复杂度就真的是 O(1) 了。为了做到这一点，通常都是将哈希表的空间设置得比查找集合大，此时虽然浪费了一定的空间，但换来的是查找效率的大大提升，总的来说，还是非常值得的。

本　章　小　结

本章思维导图如图 7-33 所示。

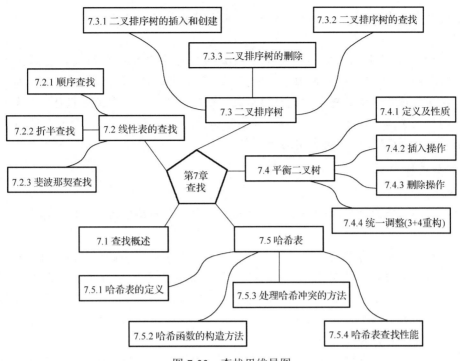

图 7-33　查找思维导图

本章首先介绍了顺序查找，顺序查找虽然简单，但它却是后面很多查找的基础。对于有序查找，本章着重讲了折半查找，折半查找在性能上比顺序查找有了质的飞跃，时间复杂度自 O(n) 变成了 O(logn)。之后本章又讲解了另外一种优秀的有序查找：斐波那契查找。

二叉排序树是动态查找最重要的数据结构，可以在兼顾查找性能的基础上，让插入和删除也变得效率较高。不过为了达到最优的状态，二叉排序树最好是构造成平衡二叉树。因此本章介绍了平衡二叉树（AVL 树）的数据结构。

哈希表是一种非常高效的查找数据结构，在原理上也与前面的查找不尽相同，它回避了关键字之间反复比较的烦琐，而是直接一步到位查找结果。

 小知识

世界三大数学猜想

1. 费马大定理

(1) 内容。

当整数 n > 2 时，关于 x、y、z 的不定方程 xn + yn = zn 无正整数解。

(2) 简介。

费马大定理又称为"费马最后的定理"，由 17 世纪法国数学家皮耶·德·费马提出。大约在 1673 年前后，法国数学家费马在《算术》一书的边角写下一个猜测："xn + yn= zn，当 n>2 时没有正整数解。"接着，他又草草写下一个评注："我有对这个命题的十分美妙的证明，这里空白太小，写不下。"

虽然费马宣称他已找到一个绝妙证明，但是很多人并不是真的相信费马已经证明了它，德国佛尔夫斯克宣布以 10 万马克(德意志联邦共和国货币单位，1 欧元=1.95583 德国马克)

作为奖金奖给在他逝世后一百年内，第一个证明该定理的人，吸引了不少人尝试并递交他们的"证明"。

但经过近三个半世纪的努力，这个世纪数论难题才由普林斯顿大学英国数学家安德鲁·怀尔斯(Andrew Wiles)和他的学生理查·泰勒于1994年成功证明。证明利用了很多新的数学，包括代数几何中的椭圆曲线和模形式，以及伽罗瓦论和Hecke代数等，令人怀疑费马是否真的找到了正确证明。而安德鲁·怀尔斯由于成功证明此定理，获得了1998年的菲尔兹奖特别奖以及2005年度邵逸夫奖的数学奖。

2．四色猜想

(1) 内容。

任何一张平面地图只用四种颜色就能使具有共同边界的国家着上不同的颜色。

(2) 简介。

四色猜想的提出来自英国。1852年，毕业于伦敦大学的弗南西斯·格思里来到一家科研单位搞地图着色工作时，发现了一种有趣的现象："看来，每幅地图都可以用四种颜色着色，使得有共同边界的国家都被着上不同的颜色。"这个现象能不能从数学上加以严格证明呢？他和在大学读书的弟弟格里斯决心试一试。兄弟二人为证明这一问题而使用的稿纸已经堆了一大沓，可是研究工作还是没有进展。

随后，人们发现四色问题的证明出人意料地异常困难，曾经有许多人发表四色问题的证明或反例，但都被证实是错误的。后来，越来越多的数学家虽然对此绞尽脑汁，但一无所获。于是，人们开始认识到，这个貌似容易的题目，其实是一个可与费马大定理相媲美的难题。

(3) 信息时代的成功。

电子计算机问世以后，由于演算速度迅速提高，加之人机对话的出现，大大加快了对四色猜想证明的进程。美国伊利诺伊大学的哈肯在与阿佩尔合作编制一个很好的程序时，在1976年6月，他们在美国伊利诺伊大学的两台不同的电子计算机上，用了1200小时，进行了100亿次判断，终于完成了四色定理的证明，轰动了世界。

3．哥德巴赫猜想

(1) 内容。

1742年6月7日，德国数学家哥德巴赫在写给著名数学家欧拉的一封信中，提出了一个大胆的猜想：任何不小于3的奇数，都可以是三个质数之和(如7=2+2+3，当时1仍属于质数)。同年，6月30日，欧拉在回信中提出了另一个版本的哥德巴赫猜想：任何偶数，都可以是两个质数之和(如4=2+2，当时1仍属于质数)。这就是数学史上著名的"哥德巴赫猜想"。

(2) 简介。

显然，前者是后者的推论。因此，只需证明后者就能证明前者。所以称前者为弱哥德巴赫猜想(已被证明)，后者为强哥德巴赫猜想。由于现在1已经不归为质数，所以这两个猜想分别变为任何不小于7的奇数，都可以写成三个质数之和的形式；任何不小于4的偶数，都可以写成两个质数之和的形式。

(3) 猜想手稿。

欧拉在给哥德巴赫的回信中，明确表示他深信这两个猜想都是正确的定理，但是欧拉当时还无法给出证明。由于欧拉是当时欧洲最伟大的数学家，他对哥德巴赫猜想的信心，影响到了整个欧洲乃至世界数学界。从那以后，许多数学家都跃跃欲试，甚至一生都致力于证明哥德巴赫猜想。可是直到 19 世纪末，哥德巴赫猜想的证明也没有任何进展。证明哥德巴赫猜想的难度，远远超出了人们的想象。有的数学家把哥德巴赫猜想比喻为"数学王冠上的明珠"。

练 习 题

一、选择题

1．适用于折半查找的表的存储方式及元素排列要求为（   ）。
    A．链式方式存储，元素无序   B．链式方式存储，元素有序
    C．顺序方式存储，元素无序   D．顺序方式存储，元素有序

2．分别以下列序列构造二叉排序树，与用其他三个序列所构造的结果不同的是（   ）。
    A．（100,80,90,60,120,110,130）
    B．（100,120,110,130,80,60,90）
    C．（100,60,80,90,120,110,130）
    D．（100,80,60,90,120,130,110）

3．在平衡二叉树中插入一个结点后造成了不平衡，设最低的不平衡结点为 A，并已知 A 的左孩子的平衡因子为 0、右孩子的平衡因子为 1，则应作（   ）型调整以使其平衡。
    A．LL   B．LR   C．RL   D．RR

4．设哈希表长为 14，哈希函数是 H(key)=key%11，表中已有数据的关键字为 15,38,61,84 共四个，现要将关键字为 49 的结点加到表中，用平方探测再哈希法解决冲突，则放入的位置是（   ）。
    A．8   B．3   C．5   D．9

5．哈希表的平均查找长度（   ）。
    A．与处理冲突方法有关而与表的长度无关
    B．与处理冲突方法无关而与表的长度有关
    C．与处理冲突方法有关且与表的长度有关
    D．与处理冲突方法无关且与表的长度无关

二、填空题

1．顺序查找 n 个元素的顺序表，如果查找成功，则比较关键字的次数最多为_____次；当使用监视哨时，若查找失败，则比较关键字的次数为_____。

2．在顺序表(8,11,15,19,25,26,30,33,42,48,50)中，用折半查找法查找关键码值 20，需做的关键码比较次数为_____。

3．向一棵二叉搜索树中插入一个元素时，若元素的值小于根结点的值，则应把它插入根结点的_____上。

4．已知关键码分别为 10,20,30 的三个结点，能够造出_____种不同的二叉排序树。

5．高度为 8 的平衡二叉树的结点数至少有_____个。

三、综合应用题

1. 对于给定 11 个数据元素的有序表(2,3,10,15,20,25,28,29,30,35,40),采用折半查找,试问:

(1)若查找给定值为 20 的元素,将依次与表中哪些元素比较?

(2)若查找给定值为 26 的元素,将依次与表中哪些元素比较?

(3)假设查找表中每个元素的概率相同,求查找成功时的平均查找长度和查找不成功时的平均查找长度。

2. 设一组关键字为(37,25,14,36,49,68,57,11),Hash 函数 H(key)= key%11,Hash 表长 m=12,用线性探测法解决冲突,试构造 Hash 表,并求出查找成功的平均查找长度(结果保留一位有效数字)。

上机实验题

【题目描述】

设二叉搜索树的每个结点中,含有关键字 key 以及统计该关键字出现次数的域 count,实现算法:当向该树插入一个元素时,若树中已存在与该元素的关键字相同的结点,则该结点的 count 域加 1;否则生成新的结点,并置该结点的 count 域为 1。

【输入】

第一行是搜索树的后面输入值的个数。

第二行是依次插入结点的 key(结点的 key 是整数)。

输入的 key 值可能重复,如果已经形成的搜索树中存在该 key,则不再插入。

【输出】

从小到大输出搜索树结点的 key,以空格隔开。

【样例输入】

10

1 3 5 2 4 7 6 2 3 3

【样例输出】

1 2 3 4 5 6 7

第 8 章 排　序

排序是计算机内经常进行的一种操作。所谓排序，就是要整理文件中的记录，使之按关键字递增(或递减)的次序排列起来，其确切定义如下。给定 n 个记录：$R_1,R_2,\cdots,R_n$，其相应的关键字分别为 $K_1,K_2,\cdots,K_n$。输出：$R_{i1},R_{i2},\cdots,R_{in}$，使得 $K_{i1}\leqslant K_{i2}\leqslant\cdots\leqslant K_{in}$(或 $K_{i1}\geqslant K_{i2}\geqslant\cdots\geqslant K_{in}$)。

下面是一些关于排序的常见概念。

(1)**稳定性**：关键字相同的两个元素，如果排序前后顺序不变即满足稳定性。

(2)**内排序**：所有排序操作都在内存中完成。

(3)**外排序**：由于数据太大，因此把数据放在磁盘中，而排序通过磁盘和内存的数据传输才能进行。

(4)**比较排序**：在排序过程中需要对序列中的数据进行比较。

(5)**非比较排序**：在排序过程中不需要对序列中的数据进行比较。

8.1　冒　泡　排　序

冒泡排序是一种典型的基于比较的排序算法。我们注意到对于任意有序序列，不失一般性，假设该序列单调非降，那么任意两个相邻的元素必然满足单调非降的性质。反过来，只要局部任意两个相邻的元素不满足单调非降的性质，那么整个序列必然无序。为此，我们只需将所有局部相邻的元素调整为单调非降即可实现全局有序。

我们通过多次扫描的方式实现冒泡排序，具体而言，算法重复扫描待排序序列，依次比较相邻两元素，如果它们逆序则交换两者，直到整个序列全部有序排列。如图 8-1 所示，实际上每次扫描只需针对左侧乱序序列即可。

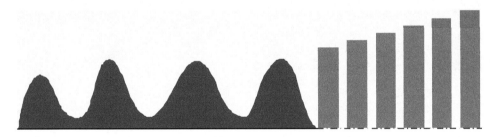

图 8-1　冒泡排序图解

冒泡排序算法代码实现版本 1 如下：

```
void bubbleSort_1(int a[ ], int n)
{
    int t;
    for (int i=0; i < n-1; i++)                /*n 个数需要 n-1 趟交换*/
        for ( j = 0; j < n-i-1;  j++)          /*每一趟的区间[0,n-i-1]*/
            if (a[j] > a[j+1])
            {
```

```
                    t=a[j];
                    a[j]=a[j+1];
                    a[j+1]=t;
                }
        }
```

程序中第一重循环表示扫描序列的次数，对于 n 个数来讲，每一轮冒泡排序都会将当前最大值筛选出来并且移到后面，最多 n−1 轮如此扫描后，n−1 个数已经就位，剩下的最后一个数自然是最小的数，因此最多 n−1 轮扫描即可。第二重循环是对当前未就位的乱序序列进行调整，扫描区间为[0,n−i−1)，因为每次考察的相邻两个元素的下标为 j 和 j+1，因此 j 的最大值不能大于或等于 n−1，注意到这里是 n−i−1，i 表示已经就位的元素个数，这些数也不必再进行比对。如下是针对某个特定序列的冒泡排序过程。

初始序列:	7	2	3	9	8	6	5	1	4
第 1 轮扫描:	2	3	7	8	6	5	1	4	**9**
第 2 轮扫描:	2	3	7	6	5	1	4	**8**	**9**
第 3 轮扫描:	2	3	6	5	1	4	**7**	**8**	**8**
第 4 轮扫描:	2	3	5	1	4	**6**	**7**	**8**	**9**
第 5 轮扫描:	2	3	1	4	**5**	**6**	**7**	**8**	**9**
第 6 轮扫描:	2	1	3	**4**	**5**	**6**	**7**	**8**	**9**
第 7 轮扫描:	1	2	**3**	**4**	**5**	**6**	**7**	**8**	**9**
第 8 轮扫描:	1	**2**	**3**	**4**	**5**	**6**	**7**	**8**	**9**

冒泡排序算法代码实现版本 2 如下:

```
void bubbleSort_2(int a[ ], int n)
{
  int t;
  for (int i=0; i < n; i++)
    for ( j = 1; j < n; j++)
       if (a[j-1] > a[j])
          {
              t =a[j-1];
              a[j-1] =a[j];
              a[j]= t;
          }
}
```

注意版本 2 与版本 1 的区别，本质上差不多，这里仅仅更改了两重循环的边界，对于第一重循环来讲，将版本 1 的 n−1 改为 n，第二重循环将版本 1 的区间[0,n−i−1)修改为[1,n)，版本 2 看似执行次数相对版本 1 较多，但是总体次数属于同一量级，最好的优势在于代码更为整洁，读者记忆起来更加容易。

如果某些序列局部具有很好的顺序性，那么一般情况下只需要很少的次数就可以使得序列全局有序。

例如，待排序序列为: 1 2 3 4 5 8 7 6 9
第 1 轮扫描结果为: 1 2 3 4 5 7 6 8 9

第 2 轮扫描结果为：1 2 3 4 5 6 7 8 9

按照版本 1 与版本 2 的思路我们需要扫描 8 次，但是这里 2 次扫描已经全局有序，剩下的 6 次扫描均是做无用功。为此，我们需要及时检测待排序序列是否已经有序，如果有序即可立即停止。那么如何判别一个序列已经有序呢？我们可以扫描整个序列，依次检查所有相邻元素是否已经单调非降或单调非增，我们也可以记录当前这一轮扫描是否有交换操作，如果没有交换发生，那么显然全局已经有序。对比两种方法，后者实现起来更加简洁。

冒泡排序算法代码实现版本 3 如下：

```
void bubbleSort_3(int a[ ], int n)
{
    int j,t;
    for (int i=0; i < n; i++)
    {
        bool isSorted = 1;
        for (j = 1; j < n; j++)
            if (a[j-1] > a[j])
            {
                t=a[j-1];
                a[j-1] =a[j];
                a[j]= t;
                isSorted = 0;
            }
        if(isSorted)
            break;
    }
}
```

接下来我们分析一下冒泡排序算法的时间复杂度、最好情况、最坏情况以及稳定性。对于版本 3 来讲，最好情况无非是待排序序列完全有序，这样的话只需要一趟扫描就可以检测出来，因此最好情况复杂度为 $O(n)$。最坏情况为初始序列完全逆序，那么上述代码需要执行 n^2 次，因此最坏情况时间复杂度为 $O(n^2)$。序列中任意两个相等的元素经过多次扫描后依然紧邻排放，然而冒泡排序算法并不会交换相等的两个元素，因为只有相邻元素的前者大于后者才会交换，因此冒泡排序算法是一个稳定的排序算法。

8.2　插　入　排　序

插入排序是另一种典型的基于比较的排序算法，算法思想简单明了，因为只要玩过扑克牌的人都应该能迅速明白。回想玩扑克牌的场景，一般情况下，玩家手中的牌总是按一定的顺序排列，对于刚抓起的一张牌，玩家只需要扫描一眼就能将这张牌插入正确的位置并保持手中的牌全部有序，插入排序因此得名。

如图 8-2 所示，算法将待排序序列分为两部分：已经有序的序列和散乱的序列。对于每一个待插入的元素，先将它跟紧邻的左侧元素比较，如果其值大于左侧元素那么无须移动，如果它小于左侧元素，则一直向左移动，直到出现第一个比它小的元素时停止。

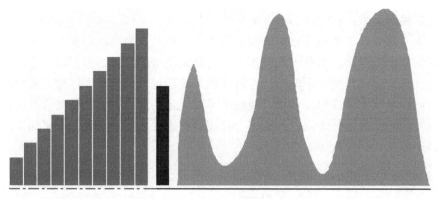

图 8-2　插入排序图解

插入排序的代码如下：

```
void insertSort(int a[ ], int n)
{
    int i,j,x;
    for(i = 1; i < n; i++)
    {
        x = a[i];
        j = i;
        while(0 < j && x < a[j-1])
        {
            a[j] = a[j-1];
            j--;
        }
        a[j] = x;
    }
}
```

初始状态只包含一个元素 a[0]，因此序列本身有序，第一重循环中 i 从 1 开始循环直到 n−1，表示依次插入元素 a[i]，而 a[0~j−1]是当前的有序序列，当 a[i]<a[j]时，我们可以将 a[i] 依次与 a[j]交换，这样做使得交换次数太多，为了实现简洁，我们先将 a[i]备份到 x 中，然后向 a[i]左侧扫描的过程中，将所有大于 x 的元素向右移动一个位置，直到遇到第一个小于等于 x 的元素 a[j−1]，这时将 x 存放于 a[j]即可，注意此时 a[j]= a[j+1]，现在的位置 j 恰好是 a[i] 应当插入的位置。如下是针对某个特定序列的插入排序过程。

初始序列：	**7**	**2**	**3**	**9**	**8**	**6**	**5**	**1**	**4**
插入 2：	**2**	**7**	**3**	**9**	**8**	**6**	**5**	**1**	**4**
插入 3：	**2**	**3**	**7**	**9**	**8**	**6**	**5**	**1**	**4**
插入 9：	**2**	**3**	**7**	**9**	**8**	**6**	**5**	**1**	**4**
插入 8：	**2**	**3**	**7**	**8**	**9**	**6**	**5**	**1**	**4**
插入 6：	**2**	**3**	**6**	**7**	**8**	**9**	**5**	**1**	**4**
插入 5：	**2**	**3**	**5**	**6**	**7**	**8**	**9**	**1**	**4**
插入 1：	**1**	**2**	**3**	**5**	**6**	**7**	**8**	**9**	**4**
插入 4：	**1**	**2**	**3**	**4**	**5**	**6**	**7**	**8**	**9**

如果目标是把 n 个元素的序列升序排列，那么采用插入排序存在最好情况和最坏情况。最好情况就是序列已经是升序排列了，在这种情况下，进行的比较操作需 n–1 次即可。最坏情况就是，序列是降序排列，那么此时需要进行的比较操作共有 n(n–1)/2 次。插入排序的赋值操作是比较操作的次数加上 n–1 次。平均来说插入排序算法的时间复杂度为 $O(n^2)$。因而，插入排序不适合对数据量比较大的排序应用。但是，如果需要排序的数据量很小，例如，量级小于千，那么插入排序还是一个不错的选择。

插入排序是在一个已经有序的序列的基础上，一次插入一个元素。当然，刚开始这个有序的小序列只有 1 个元素，就是第一个元素。比较是从有序序列的末尾开始的，也就是想要插入的元素和已经有序的最大者开始比起，如果比它大则直接插入在其后面，否则一直往前找直到找到它该插入的位置。如果碰见一个和插入元素相等的元素，那么把想插入的元素放在相等元素的后面。所以，相等元素的前后顺序没有改变，从原无序序列出去的顺序就是排好序后的顺序，所以插入排序是稳定的。

很多文献或书籍中对插入排序进行了扩展，本书所讲的插入排序在很多书中称为直接插入排序，另外一种知名的优化算法称为二分插入排序。跟直接插入排序不一样，二分插入排序每次通过二分查找的方法在 a[0,i–1] 中搜索 a[i] 的位置，然后再插入，这个过程中搜索确实可以做到二分，但插入仍然需要 O(n) 的时间复杂度，因此总的时间复杂度不变。还有一种有名的插入排序称为希尔排序，请读者自行查阅。

8.3 选择排序

选择排序是一种简单直观的排序算法。如图 8-3 所示，它的算法原理为：首先在未排序序列中找到最小(大)元素，存放到排序序列的起始位置，然后从剩余未排序元素中继续寻找最小(大)元素，然后放到已排序序列的末尾。以此类推，直到所有元素均排序完毕。

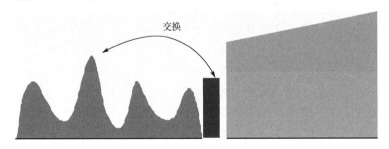

图 8-3 选择排序图解

选择排序的代码如下：

```
void SelectSort(int a[ ], int n )
{
    int hi, maxIdx= 0, j;
    for(hi = n - 1; hi > 0; hi--)
    {
        for(j = 0; j <= hi; j++)
        {
            if(a[maxIdx] <= a[j])
                maxIdx = j;
```

```
            }
            swap(a[maxIdx],a[hi]);
        }
    }
```

整个待排序序列分为两部分：a[0,hi]为乱序序列，a[hi+1,n-1]为有序序列，初始状态下，整个序列全部乱序，而有序序列为空。第二重循环用于扫描 a[0,hi]中的所有元素并得到最大值所在的位置 maxIdx，然后将当前最大值与 a[hi]交换即可。如此扫描 n 次，就从大到小依次取到了所有元素，并让这些元素最终就位。如下是针对某个特定序列的选择排序过程。

初始序列：	7	2	3	9	8	6	5	1	4
第 1 次选择：	7	2	3	4	8	6	5	1	9
第 2 次选择：	7	2	3	4	1	6	5	8	9
第 3 次选择：	5	2	3	4	1	6	7	8	9
第 4 次选择：	5	2	3	4	1	6	7	8	9
第 5 次选择：	1	2	3	4	5	6	7	8	9
第 6 次选择：	1	2	3	4	5	6	7	8	9
第 7 次选择：	1	2	3	4	5	6	7	8	9
第 8 次选择：	1	2	3	4	5	6	7	8	9
第 9 次选择：	1	2	3	4	5	6	7	8	9

选择排序也有很多变种，例如，每次不一定取最大值，每一次也可以选取最小值跟无序序列的第 1 个元素交换，或者每次同时选取一个最大值和一个最小值分别与序列的前后两端进行交换。如果每次取最小值，那么上述求解过程如下：

初始序列：	7	2	3	9	8	6	5	1	4
第 1 次选择：	1	2	3	9	8	6	5	7	4
第 2 次选择：	1	2	3	9	8	6	5	7	4
第 3 次选择：	1	2	3	9	8	6	5	7	4
第 4 次选择：	1	2	3	4	8	6	5	7	9
第 5 次选择：	1	2	3	4	5	6	8	7	9
第 6 次选择：	1	2	3	4	5	6	8	7	9
第 7 次选择：	1	2	3	4	5	6	7	8	9
第 8 次选择：	1	2	3	4	5	6	7	8	9
第 9 次选择：	1	2	3	4	5	6	7	8	9

很显然选择排序的比较次数为 $O(n^2)$，比较次数与关键字的初始状态无关，总的比较次数为 $(n-1)+(n-2)+\cdots+1=n*(n-1)/2$。交换次数为 $O(n)$，最好情况是序列已经有序，不需要任何交换；最坏情况是交换 n-1 次，逆序交换 n/2 次。总体来讲交换次数比冒泡排序少一些。

选择排序每次需要选择当前最大的元素跟无序序列的最后一个元素进行交换，那么当无序序列中有两个值相等的元素 a[i]、a[j](i<j)时，如果最大值选择了更靠前的元素 a[i]，那么 a[i]必将先就位，也就是位置比 a[j]更靠后，这样就破坏了之前的相对位置，就不稳定了。相反，如果最大值选取了更靠后的元素 a[j]，那么 a[j]早于 a[i]就位，a[i]和 a[j]的相对位置保持不变，这样稳定性即可保证。因此稳定性是否可以保证依赖于算法具体如何实现。针对这里的实现，它是一个稳定的算法。

8.4 归并排序

归并排序是采用分治法的经典应用,算法首先自上而下将待排序序列不断均分为左右两部分,直到每一部分只剩一个元素,然后自下而上地合并局部的有序序列。假设待排序序列区间为 a[low,high],那么归并排序算法可以分三步进行。

(1)二分。自上而下将待排序序列一分为二,分割点为 mid = (low+high)/2。

(2)求解。对两个子区间 a[low,mid-1]和 a[mid,high-1]进行递归归并排序。

(3)归并。对(2)中两个有序区间进行合并,使得 a[low,high-1]有序。

归并排序图解如图 8-4 所示,对于任意序列,总体来讲算法经过先分后合两个阶段,算法总体框架如下:

```
void MergeSort(int* a, int low, int high)
{   /*区间[low, high)*/
    int mid;
    if(low+1 < high)
    {
        mid = (low+ high) >> 1;
        MergeSort(a, low, mid);      /*左半边归并排序*/
        MergeSort(a, mid, high);     /*右半边归并排序*/
        merge(a, low, mid, high);    /*左右有序→整体有序*/
    }
}
```

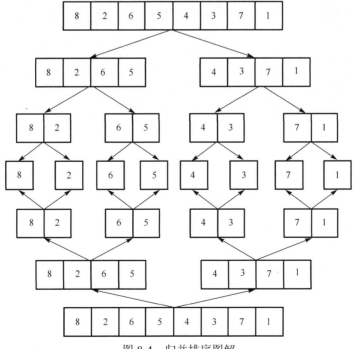

图 8-4 归并排序图解

现在的问题是如何将两个本身有序的序列 a[low,mid-1]和 a[mid,high-1]合并为一个整体有序的序列 a[low,high-1]。假设这两个序列都是单调递增的,那么合并后的序列的最小值是多少呢？没错，它只能是 a[low]和 a[mid]中的较小者，这样我们就得到了 a[low,high-1]中的最小值。得到这个最小值后，我们可以从它所在的序列中将其丢弃，相当于它本身并不存在。那么，接下来第二小的值仍然位于两个有序序列的最前端，具体的值仍然取最小值即可。图 8-4 中最后一步的合并，我们在图 8-5 中详细展开。可以发现，每次我们只是聚焦到两个序列的头部，每次只需要将头部较小的值取出来即可。

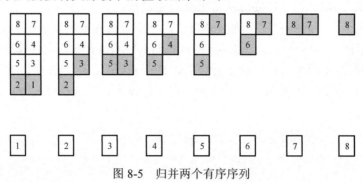

图 8-5　归并两个有序序列

归并操作代码如下：

```
void merge(int * a, int low, int mid, int high)
{
    int p = low, q = mid, idx = low;
    int* T = new int[hi+5];
    while(p < mid && q < high)
    {
        if(a[p] <= a[q])
            T[idx++] = a[p++];
        else
            T[idx++] = a[q++];
    }
    while(p < mid)
            T[idx++] = a[p++];
    while(q < high)
        T[idx++] = a[q++];
    for(int i = low; i < high; i++)
        a[i] = T[i];
}
```

代码中 p 指向第一个有序序列 a[low,mid-1]的头部，q 指向第二个有序序列 a[mid,high-1]的头部，当两个序列同时存在的时候我们比较 p 和 q 指向的头部，如果 a[p]<a[q]，那么取第一个序列的头部暂存入临时数组 T 中，否则取第二个序列的头部。如此重复，直到某一个序列被取完。那么剩下的序列直接接入数组 T 的尾部即可。最后我们再将临时数组 T 中所有元素复制到原始数组 a 中即可。该算法的代码包含了 4 条循环语句，实际复杂度仅为 O(n)，因为针对两个序列中的每一个元素不多不少仅仅访问一次，因此 merge 操作的时间复杂度是线性的。

从归并排序的整体框架可以看出，归并排序将整个问题一分为二，且两部分长度几乎相等，然后进行归并得到问题的解。如果规模为 n 的序列的时间复杂度为 T(n)，那么有递推式(8-1)：

$$T(n) = 2 * T\left(\frac{n}{2}\right) + O(n) \tag{8-1}$$

可以计算得到 T(n)=O(nlogn)，相对于之前介绍的冒泡排序、插入排序、选择排序等，归并排序算法的时间复杂度大大降低。

归并排序是一种稳定的排序算法，因为任意两个相等的元素在不断地二分后，必然各自位于一个序列中，并且自上而下二分是不会改变元素的相对位置的，当合并两者的时候，若左侧序列跟右侧序列的头部元素相等，必然先选择左侧序列的头部，因此保证了元素的相对位置，因此它是一个稳定的排序算法。

这里讲的主要是二路归并，即每次都是一分为二并且每次都是合二为一进行归并，实际上在很多数据结构的书中也介绍了多路归并算法。例如，二路归并可以扩展到三路归并，即每次将序列平均分为三段，然后对三段进行归并，归并过程稍有不同，可以先将任意两段归并，然后再跟剩下的一段归并，或者每次直接比较三段序列的头部并选取最小值。一般情况下，多路归并常用于外排序，即数据量较大无法完全读入内存进行排序的情况，关于多路归并读者可以自行查阅相关资料，这里不再赘述。

8.5　快　速　排　序

快速排序是另一种经典的分治排序算法，算法每一次扫描将确定一个元素的最终位置，并以该元素为分界点将待排序序列分为两部分，如图 8-6 所示，左侧部分均不大于该元素，右侧部分均不小于该元素，我们一般将该元素称为轴点(pivot)。那么，序列一旦根据轴点切分成两部分后，我们就可以分别对左侧和右侧部分进行递归排序。一旦左右两侧排序完成，整个序列自然就全局有序了。

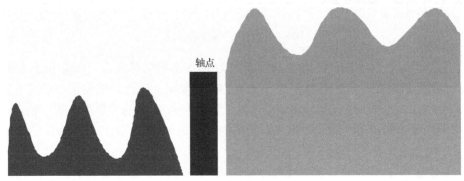

图 8-6　序列的轴点

首先我们给出快速排序的总体框架如下：

```
void quickSort(int*a, int low, int high)
{
    if(low < high)
    {
        int  pivotIdx = partition(a,low,high);
        quickSort(a, low, pivotIdx -1);
        quickSort(a, pivotIdx +1, high);
```

```
    }
  }
```

快速排序的区间为 a[low,high]，当 low = high 时，表明序列只包含一个元素，此时不必排序。如果需要排序，那么首先在 a[low,high]中构造一个轴点，轴点的位置为 pivotIdx，整个序列以 pivotIdx 为界被分为两部分：a[low,pivotIdx −1]和 a[pivotIdx+1,high]，且前者最大值小于后者最小值。因此，我们可以分别对左右两个序列进行快速排序。

从代码可以看出，快速排序的关键在于轴点构造，问题是对于很多序列，轴点并不一定存在，例如，对于单调递减的序列来说，任何元素都不是轴点，因为任何元素的左侧均比它大，右侧均比它小。但是，我们却可以培养某些元素使之成为轴点。

接下来我们重点介绍两种经典的轴点构造算法。

方法一，如图 8-7 所示，构造过程中，序列左端记为 L(less than pivot)，均小于等于轴点，序列右端记为 G(greater than pivot)，均大于轴点，中间部分记为 U(undefined)，即未确定归属的部分。

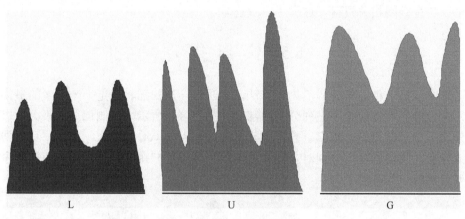

图 8-7 LUG 式轴点构造法

假定现在有两个指针 low 和 high 分别指向 U 的头部和尾部元素，如果 high 指向的元素大于轴点，那么只需要将 G 向左扩展 1 个元素即可，如果 low 指向的元素小于等于轴点，那么只需要将 L 向右扩展 1 个元素即可。反过来，如果 high 指向的元素小于等于轴点，则需要将 high 指向的元素归入 L 一端，如果 low 指向的元素大于轴点，则需要将 low 指向的元素归入 R 一端。因此对于整个序列来讲，a[0,low−1] <= pivot < a[high+1,n]。

具体方法如图 8-8 所示，我们选取序列的第一个元素 3 作为培养的轴点，因此现将其值备份到变量 pivot 中，初始状态 low = 0，high = n−1，先考察 high，因为 high 指向的元素为 7 > pivot = 3，因此 high 向左移动一次，移动后 high 指向 5 > pivot，因此继续向左移动一次。下一次 high 指向 2 < pivot，情况变得不一样，这时我们只需简单地将当前指向的值转移到 low 所在的位置即可，low 当前指向的元素为 3，它已经备份到 pivot 中，然后从 low 的下一个位置开始考察，low 指向的元素为 4 > pivot，因此我们将其转移到当前 high 所在的位置即可，然后又从 high 开始向左考察，如此反复，直到 low 与 high 相遇。当 low = high 时，整个序列已经完全分割为两部分，即 a[0,low−1] <= pivot < a[high+1,n]，因此 pivot 的最终归宿为 low 或 high。

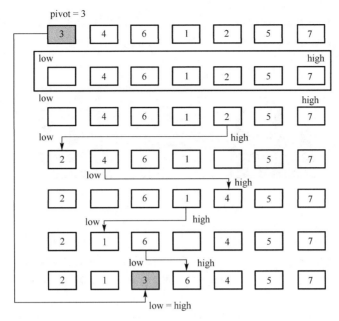

图 8-8　LUG 式轴点构造示例

对于这个过程的理解，读者可以想象拔萝卜的场景，假设有 n 个萝卜位于一条直线上，每个萝卜的高度类比于数组的值，最初我们将 a[0]备份到 pivot 中，即可认为我们将第 0 个萝卜拔了出来，然后从右往左扫描，一旦遇到萝卜高度小于 pivot，我们就将这个萝卜拔出来，然后植入之前拔出萝卜的位置，即当前 low 所在的位置。总而言之，任意时候 low 和 high 所在的位置必有其一是空洞，最终 low 和 high 相遇必然也是空洞，这个空洞自然应该植入最早拔出的萝卜。

方法一具体实现代码如下：

```
int partition1(int* a, int low, int high)
{
    int pivot = a[low];
    while(low< high)
    {
        while(low < high && pivot < a[high])
            high--;
        a[low] = a[high];

        while(low < high && a[low] <= pivot)
            low++;
        a[high] = a[low];
    }
    a[low] = pivot;
    return low;
}
```

算法中虽然有循环嵌套，但是整个 partition1 过程对于每一个元素仅仅会扫描一次，因此时间复杂度为 O(n)。

方法二，如图 8-9 所示，构造过程中，序列左端记为 L(less than pivot)，均小于等于轴点，序列中间记为 G(greater than pivot)，均大于轴点，序列右端记为 U(undefined)即未确定归属的部分。事实上，我们发现这种分割方法对应的代码更加简洁。

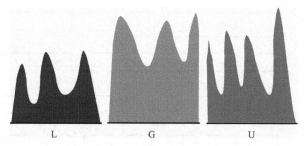

图 8-9　LGU 式轴点构造法

如图 8-10 所示，在构造轴点的过程中保证 L = a[0,i] <= pivot, G = a[i+1,j−1] > pivot, U = a[j,n−1]表示未确定的部分。这里为了实现方便，将最后一个元素作为轴点培养。假设 j 所指向的元素 x > pivot，这是最简单的情况，直接向右扩展 G 即可，也就是 j 移动到下一个单元格即可。

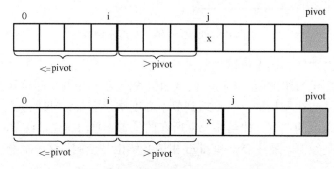

图 8-10　LGU 式轴点构造图解(1)

如图 8-11 所示，当 j 所指向的元素 x <= pivot 时，不能再扩展 G，而是需要将其归入 L 这部分，但是 L 在左侧，因此我们将 j 所指向的元素跟 G 中的第一个元素交换，并将 L 向右扩展一个单元格，顺利地实现了 L 的扩展。当 j 到最后一个位置时，我们再将 pivot 归入 L 部分即可，具体的，我们仍然将 pivot 跟 G 中的第一个元素交换，并向右扩展 L。

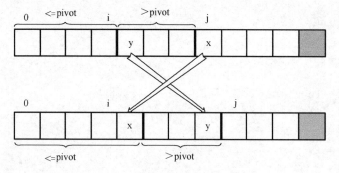

图 8-11　LGU 式轴点构造图解(2)

方法二具体实现代码如下：

```
int partition2(int* a, int low, int high)
{
```

```
    int i = low-1;
    int pivot = a[high];
    for(int  j = low; j < high; j++)
    {
        if(a[j] <= pivot)
        swap(a[++i],a[j]);
    }
    swap(a[++i],a[high]);
    return i;
}
```

方法二的代码较为简洁，复杂度也为 $O(n)$。

在最优情况下，partition 每次都划分得很均匀，如果对于 n 个数的排序时间复杂度为 $T(n)$，那么有

$$T(n) = 2 * T\left(\frac{n}{2}\right) + O(n)$$

$O(n)$ 即 partition 的时间复杂度，这个递归式跟归并排序的递推式相同，即仅需递归 $\log_2^n$ 次，如果需要时间为 $T(n)$，那么第一次 partition 应该需要对整个数组扫描一遍，做 n 次比较。然后，获得的轴点将数组一分为二，各自还需要 $T(n/2)$ 的时间，于是不断地划分下去，计算上述递归式可得 $T(n) = O(n\log n)$。

最优情况下需要每次均匀地划分两个子问题，最坏情况下每次划分极不均匀，具体的，对于一个已经有序的序列，无论是选第一个元素作为轴点还是最后一个元素作为轴点，均会使得两个子序列的长度分别为 1 和 n–1，那么递归式将会退化为式(8-2)：

$$T(n) = T(1) + T(n-1) + O(n) = T(n-1) + O(n) \tag{8-2}$$

可以证明 $T(n) = O(n^2)$，因此快速排序的最差情况为序列已经完全有序。当然，这一点可以改进，具体的我们可以每次随机选取元素作为轴点，代码如下：

```
int partition2(int* a, int low, int high)
{
    int i = low-1;
    int k = rand( )%(high-low+1)+ low;
    swap(a[k],a[hi]);
    int pivot = a[hi];
    for(int j = low; j < hi; j++)
    {
        if(a[j] <= pivot)
        swap(a[++i],a[j]);
    }
    swap(a[++i],a[hi]);
    return i;
}
```

平均情况下，partition 每次划分的两个序列的长度可能为 1 与 n–1, 2 与 n–2, 3 与 n–3, ⋯, n–1 与 1，并且所有这些划分等可能出现。可以通过概率统计的方法计算其平均时间复杂度为 $O(n\log n)$。

我们之前介绍的归并排序的时间复杂度也为 O(nlogn)，但是实际应用中仍然有一些区别。

(1) 快速排序的时间复杂度确实不稳定，极端情况是 O(n^2)，但是平摊下来是 O(nlogn)，而归并排序是严格的 O(nlogn)。

(2) 快速排序对内存的访问方式是顺序方式，故缓存的命中率不会比归并排序低。特别是当数组空间接近于缓存大小时，这一优势将更加明显。

(3) 快速排序的内存写操作次数平摊下来是 O(nlog(n/2))，而归并排序的内存写操作次数是严格的 O(nlogn)，由于内存写操作开销比较大，所以对于随机数据快速排序优于归并排序。快速排序稳定性依赖于 partition 的实现，从 LUG 式的 partition 方法可以看出，如果序列中有两个相等的数 a[i]、a[j] (i < j) 且均小于 pivot，那么 a[j] 必然更早地转移到左侧，因此改变了相对顺序。如果是 LGU 式的 partition 则可以避免这一点。

8.6　桶　排　序

不同于之前介绍的所有排序算法，桶排序不需要进行比较和交换。桶排序是一种典型的用空间换时间的方法，一般需要开辟较大的内存空间，用以记录每一个元素的出现次数。最后，遍历该数组得到排序结果。

例如，我们要对 5、7、2、4、4、2、8、6、12、7、9 排序，因为最大值为 12，因此用容量为 15 的标记数组即可，数组记录每个数出现的次数，如果没有出现则记为 0 即可。

因此上述数组元素对应的标记数组如图 8-12 所示。

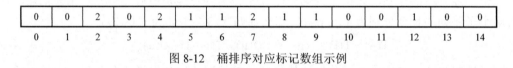

图 8-12　桶排序对应标记数组示例

数组的下标表示统计的元素，数组的值表示对应元素出现的次数，因此遍历该数组，只需统计那些不为 0 的项即可。从左往右遍历该标记数组，对于出现次数大于 0 的项，出现几次就将下标输出几次即可。因此，上述标记数组得到的排序结果为：2、2、4、4、5、6、7、7、8、9、12。实现代码如下：

```
void bucketSort(int* a, int n)
{
    int size = -1;
    for (int i = 0; i < n; i++)
        if (size < a[i])
        size = a[i];
    int* bucket = new int[size+=5];
    memset(bucket, 0, size*sizeof(int));
    for (int i = 0; i < n; i++)
        bucket[a[i]]++;
    int k = 0;
    for (int i = 0; i < size; i++)
        for (int j = 1; j <= bucket[i]; j++)
            a[k++] = i;
}
```

桶排序是一种常见的排序算法，时间复杂度为 O(n)，但是这里的 n 指的是元素中的最大值，因此一般情况下消耗空间很大，最大值很大的情况下会造成大量的空间浪费。另外，该算法只能对整数排序，浮点数或者自定义类型难以实现排序。

8.7　基　数　排　序

桶排序的缺点在于空间消耗较大、遍历时间较长，基数排序对桶排序进行了扩展和优化，它的基本思想是：将整数按位数切割成不同的数字，然后按每个位数分别比较。具体做法是：将所有待比较数值统一为同样的数位长度，数位较短的数前面补零。然后，从最低位开始，对每一位数字依次进行排序。这样从最低位排序一直到最高位排序完成以后，数列就变成一个有序序列。

例如，对序列 123、54、75、43、88、12、27、241 排序，如图 8-13 所示。

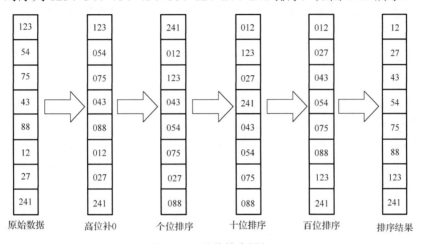

图 8-13　基数排序图解

注意排序中优先对低位排序然后对高位排序，通俗地讲，之所以先排低位再排高位，是因为越是后排的数位，其对结果次序的影响越大，简而言之，高位数越大，数整体越大。还有一点特别需要注意，每一轮排序建立在前一轮排序的基础上，这里必须要求稳定性，即当前位相同的数在本轮排序后应当跟前一轮的排序结果相对位置保持一致，如图 8-13 所示，对十位排序时，123 和 27 十位数字都为 2，但是个位排序的结果显示 123 位于 27 之前，因此本轮排序 123 依然位于 27 之前，只有保证了稳定性才能保证基数排序的正确性。那么，对于每一位排序又如何排呢？我们注意到每一位的数字只能是 0~9 的数字，因此使用桶排序最合适不过，复杂度相对很低，只有每一步做到尽可能高效才能保证基数排序整体的高效性。

基数排序代码实现如下：

```
void bucketSort(int* a, int n, int d)
{
    int* t = new int[n + 5];                 /*临时数组用于存放数组 a*/
    for (int i = 0; i < n; i++) t[i] = a[i];
    vector<int> bucket[10];                  /*二维向量模拟 10 个桶*/
    for (int i = 0; i < n; i++)
    {
        int currbit = t[i]/(int)pow(10, d) % 10;    /*取元素的第 d 位数字*/
```

```
            bucket[currbit].push_back(a[i]);      /*将 t[i]分入第 currbit 个桶*/
        }
        int id = 0;
        for (int j = 0; j < 10; j++)                /*排序结果更新到原始数组 a 中*/
            for (int k = 0; k < bucket[j].size( ); k++)
                a[id++] = bucket[j][k];
}
void radixSort
{
        int a[10] = { 123, 54, 75, 43, 88, 12, 27, 241 }, n = 8, maxv = a[0];
        for (int i = 0; i < n; i++)
            if (maxv < a[i]) maxv = a[i];
        int maxlen = log(maxv)/log(10) + 1;         /*最多位数就是最大值的位数*/
        for (int j = 0; j < maxv; j++)              /*对每一位进行桶排序*/
            bucketSort(a, n, j);
        for (int i = 0; i < n; i++)
            printf("%d ", a[i]);
}
```

我们采用二维向量来模拟 10 个桶，即数字 0、1、2、3、4、5、6、7、8、9 每个数字一个桶，每个桶又包含一维向量用于存储当前位相同的多个数。对 n 个元素进行基数排序，执行一次桶排序的时间为 $O(n)$。如果元素最多 d 位，则要执行 d 遍桶排序。所以总的运算时间为 $O(dn)$。

基数排序所依赖的桶排序必须保证排序的稳定性才能得到正确的排序，因此基数排序是一种稳定的排序算法。

需要注意的是，跟桶排序一样，基数排序也只能对整数进行排序，浮点数和自定义类型无法使用基数排序。

本章所有排序算法均在 Dev-C++5.8.3 环境中调试通过，完整代码如下：

```
#include <string.h>
#include <stdlib.h>
#include <stdio.h>

#define BUBBLE  1
#define INSERT  2
#define SELECT  3
#define MERGE   4
#define QUICK   5
#define BUCKET  6

typedef int bool;
enum {maxn = 10000};
int data[maxn + 5], cnt;

/*交换操作*/
void swap(int *a, int *b)
{
    int t = *a;
```

```c
        *a = *b;
        *b = t;
}

/*冒泡排序*/
void bubbleSort(int* a, int n)
{
    int i,j;
    for (i = 0; i < n; i++)
    {
        bool isSorted = 1;
        for (j = 1; j < n; j++)
            if (a[j - 1] > a[j])
            {
                swap(&a[j - 1], &a[j]);
                isSorted = 0;
            }
        if (isSorted)
            break;
    }
}

/*插入排序*/
void insertSort(int* a, int n)
{
    int i;
    for (i = 1; i < n; i++)
    {
        int x = a[i];
        int j = i;
        while (0 < j && x < a[j - 1])
        {
            a[j] = a[j - 1];
            j--;
        }
        a[j] = x;
    }
}

/*选择排序*/
void selectSort(int* a, int n)
{
    int j,high;
    for (high = n - 1; high > 0; high--)
    {
        int maxIdx = 0;
        for (j = 0; j <= high; j++)
        {
```

```
            if (a[maxIdx] <= a[j])
                maxIdx = j;
        }
        swap(&a[maxIdx],&a[high]);
    }
}


/*归并两个有序序列为一个有序序列*/
void merge(int* a, int low, int mid, int high)
{
    int i,p = low, q = mid, idx = low;
    int* T = (int*)malloc(sizeof(int)*(high+5));

    while (p < mid && q < high)
    {
        if (a[p] <= a[q])
            T[idx++] = a[p++];
        else
            T[idx++] = a[q++];
    }
    while (p < mid)
        T[idx++] = a[p++];
    while (q < high)
        T[idx++] = a[q++];
    for (i = low; i < high; i++)
        a[i] = T[i];
}


/*归并排序*/
void mergeSort(int* a, int low, int high)
{   /*区间[low, high)*/
    if (low + 1 < high)
    {
        int mid = (low + high) >> 1;
        mergeSort(a, low, mid);        /*左半边归并排序*/
        mergeSort(a, mid, high);       /*右半边归并排序*/
        merge(a, low, mid, high);      /*左右有序→整体有序*/
    }
}


/*快速排序的切分序列,找到轴点*/
int partition(int* a, int low, int high)
{
    int pivot = a[low];
    while(low< high)
    {
        while(low < high && pivot < a[high])
            high--;
```

```
            a[low] = a[high];

            while(low < high && a[low] <= pivot)
                low++;
            a[high] = a[low];
        }
        a[low] = pivot;
        return low;
    }

/*快速排序*/
void quickSort(int* a, int low, int high)
{
    if (low < high)
    {
        int pivotIdx = partition(a, low, high);
        quickSort(a, low, pivotIdx - 1);
        quickSort(a, pivotIdx + 1, high);
    }
}

/*桶排序*/
void bucketSort(int* a, int n)
{
    int i,j,size = -1;
    for (i = 0; i < n; i++)
        if (size < a[i])
            size = a[i];
    int* bucket = (int*)malloc(sizeof(int)*(size+=5));
    memset(bucket, 0, size*sizeof(int));
    for (i = 0; i < n; i++)
        bucket[a[i]]++;

    int k = 0;
    for (i = 0; i < size; i++)
        for (j = 1; j <= bucket[i]; j++)
            a[k++] = i;
}

/*排序前先输入数据*/
void generatData( )
{
    int i;
    printf("请输入数据个数(< 10000): \n");
    scanf("%d", &cnt);
    printf("请输入数据元素: \n");
    for (i = 0; i < cnt; i++)
        scanf("%d", &data[i]);
```

```
}

/*显示排序结果*/
void showResult( )
{
    int i;
    for (i = 0; i < cnt; i++)
        printf("%d ", data[i]);
    printf("\n");
}

/*显示菜单*/
void showMenu( )
{
    printf("=============排序算法演示===============\n");
    printf("===          1、冒泡排序              ===\n");
    printf("===          2、插入排序              ===\n");
    printf("===          3、选择排序              ===\n");
    printf("===          4、归并排序              ===\n");
    printf("===          5、快速排序              ===\n");
    printf("===          6、桶排序                ===\n");
    printf("=============使用数字1~6进行选择=========\n");
}

/*主函数*/
int main()
{
    int choice = 0;
    while (1)
    {
        showMenu();
        scanf("%d", &choice);
        switch (choice)
        {
            case BUBBLE:
                generatData();
                bubbleSort(data, cnt);
                showResult();
                break;
            case INSERT:
                generatData();
                insertSort(data, cnt);
                showResult();
                break;
            case SELECT:
                generatData();
                selectSort(data, cnt);
                showResult();
```

```
                break;
        case MERGE:
            generatData();
            mergeSort(data, 0, cnt);
            showResult();
            break;
        case QUICK:
            generatData();
            quickSort(data, 0, cnt-1);
            showResult();
            break;
        case BUCKET:
            generatData();
            bucketSort(data, cnt);
            showResult();
            break;
        }
    }
    return 0;
}
```

执行结果如图 8-14～图 8-19 所示。

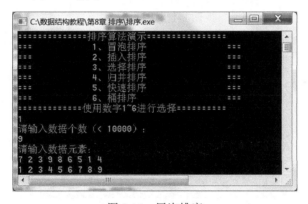

图 8-14　冒泡排序

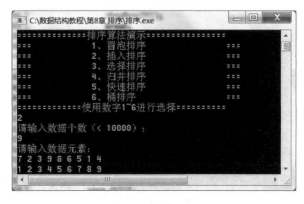

图 8-15　插入排序

图 8-16　选择排序

图 8-17　归并排序

图 8-18　快速排序

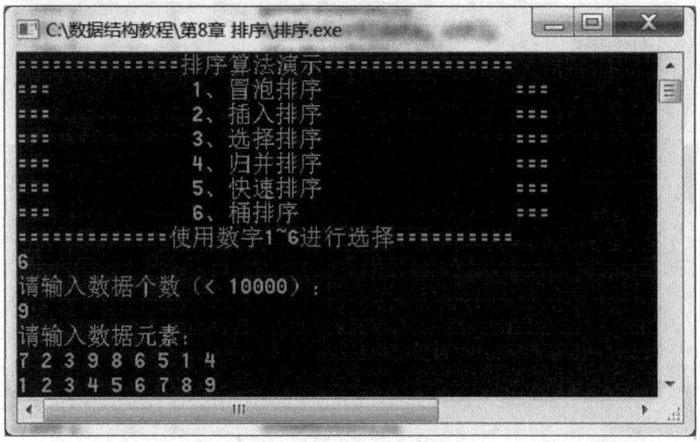

图 8-19　桶排序

本 章 小 结

本章思维导图如图 8-20 所示。

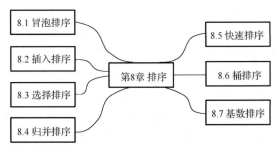

图 8-20　排序思维导图

本章介绍了多种内排序算法,包括基于比较的冒泡排序、插入排序、选择排序、归并排序、快速排序以及不基于比较的桶排序和基数排序。前 5 种排序算法更加通用,可对任意类型的数据排序,后 2 种排序算法时间复杂度较低,但只能对整数进行排序。下面通过表格的形式,总结一下本章介绍的 7 种排序算法的时间复杂度以及稳定性,如表 8-1 所示。

表 8-1　7 种排序算法的时间复杂度以及稳定性

排序算法	时间复杂度			稳定性
	最优情况	最坏情况	平均情况	
冒泡排序	O(n)	O(n²)	O(n²)	稳定
插入排序	O(n)	O(n²)	O(n²)	稳定
选择排序	O(n²)	O(n²)	O(n²)	依赖于实现
归并排序	O(nlogn)	O(nlogn)	O(nlogn)	稳定
快速排序	O(nlogn)	O(n²)	O(nlogn)	依赖于实现
桶排序	O(n)	O(n)	O(n)	稳定
基数排序	O(dn)	O(dn)	O(dn)	稳定

 小知识

霍　尔

霍尔(C. A. R. Hoare) 是一位英国计算机科学家,他是著名的快速排序(quick sort) 的发明者。在平均状况下,排序 n 个项目要进行 O(nlogn) 次比较,而且通常明显比其他需要进行 O(nlogn) 次比较的演算法更快。所以它是一个被广泛使用的算法。在一次采访中,霍尔谈到了发明这个算法的背景。

霍尔出生于斯里兰卡,1956 年毕业于牛津大学。之后的两年里他在英国皇家海军服役,他的任务是研究俄国的现代军事,并因此开始学习俄语。结束服役后,他作为研究生进入莫斯科大学,主攻计算机翻译。在莫斯科学习了一年。在这个时候正好有一家生产小型科学计算机的公司 Elliott Brothers 在那里举办展览,霍尔为他们做翻译。当他回国后,这家公司立即聘用了他,连面试都免了。他们还增加了他的工资,因为他会俄语。 Elliott Brothers 让霍尔设计一个新的计算机语言。但当他偶尔看到了一篇艾伦·佩利的"算法语言 ALGOL 60 报告"（Report on the Algorithmic Language ALGOL 60）后，他立即推荐公司放弃设计一个新的语言而转为实施 ALGOL，公司采纳了他的建议。ALGOL 是第一个清晰定义的语言，其语法是用严格公式化的方法说明的。ALGOL 并没有被广泛使用，但它是许多现代程序语言的概念基础。对他个人来说，这个项目不仅为他的事业奠定了基础，还为他带来了甜蜜的婚姻，他跟同组的同事 Jill 相识并结婚，成为一段美谈。

言归正传，20 世纪 60 年代，英国国家物理实验室（National Physical Laboratory）开始了一项新的计划：将俄文自动翻译成英文。正好霍尔有这个经历，他与俄国的机器翻译专家相识，还在《机器翻译》（*Machine Translation*）上发表过论文。于是他在那里得到了一份工作。

在那个年代，俄文到英文的词汇列表是以字母顺序存储在一条长长的磁带上的。因此，当有一段俄文句子需要翻译时，第一步是把这个句子的词按照同样的顺序排列。这样机器在磁带上只走一遍就可以找到所有的翻译。霍尔意识到，他必须找出一种能在计算机上实现排序的算法来。他想到的第一个算法是后人称作冒泡排序的算法。虽然他没有声明这个算法是他发明的，但他显然是独自得到这个算法的。他很快放弃了这个算法，因为它的速度比较慢。用计算复杂度理论（computational complexity theory）来说，它平均需要 $O(n^2)$ 次运算。快速排序是霍尔想到的第二个算法。这个算法的计算复杂度是 $O(n\log n)$ 次运算。当 n 特别大的时候，显然步骤要少很多。这个算法是 20 世纪七大算法之一，而他本人则被称为影响算法世界的十位大师之一。霍尔自己则认为这个算法是他一生来得到的唯一一个有意义的算法。

练 习 题

一、选择题

1. 对序列 5、3、1、7、4、8、6 进行一趟排序后，序列变为：3、1、4、5、7、8、6，那么这种排序算法可能是（　　）。

    A. 冒泡排序　　　　B. 快速排序　　　　C. 归并排序　　　　D. 选择排序

2. 如下几种排序算法中，平均复杂度最低的是（　　）。

    A. 冒泡排序　　　　B. 快速排序　　　　C. 基数排序　　　　D. 归并排序

3. 下列排序算法不需要进行比较的是（　　）。

    A. 选择排序　　　　B. 快速排序　　　　C. 归并排序　　　　D. 桶排序

4. 关于排序算法，下列说法正确的是（　　）。

    A. 二分插入排序可将原始的插入排序算法优化到 $O(n\log n)$

    B. 快速排序若不能每次平均分割序列，那么无法做到 $O(n\log n)$ 的复杂度

    C. 桶排序和基数排序虽然时间复杂度较低但是只能对整数排序

    D. 排序算法的稳定性指的是最优、最坏情况下的复杂度保持不变

5. 若要对 n 个数进行快速排序，则进行归并的趟数为（　　）。

    A. n　　　　　　　　B. n–1　　　　　　　　C. n/2　　　　　　　　D. $\log_2 n$

二、填空题

1. 对 n 个元素进行冒泡排序最少需要进行_____次比较。

2. 对 n 个元素进行插入排序最少需要进行_____次比较。

3．归并排序中对两个已经有序的序列进行归并的时间复杂度为＿＿＿＿。

4．快速排序经 partition 操作后，轴点左侧序列的最大值＿＿＿＿轴点右侧序列的最小值。

5．快速排序在最坏情况下的复杂度为＿＿＿＿。

三、综合题

1．已知排序初始序列为(Q,H,C,Y,P,A,M,S,R,D,F,X)，请将左侧序列与右侧相应的排序方法连线。

(1)F,H,C,P,A,M,D,Q,R,Y,S,X   A．冒泡排序一趟扫描

(2)P,A,C,S,Q,D,F,X,R,H,M,Y   B．Gap=4 希尔排序一趟扫描

(3)Y,S,X,R,P,C,M,H,Q,D,F,A   C．二路归并一趟扫描

(4)A,Q,H,C,Y,P,D,M,S,R,F,X   D．第一个元素为基准元素的快速排序

(5)H,Q,C,Y,A,P,M,S,D,R,F,X   E．堆排序初始建堆

2．写出利用直接选择排序对关键字序列(40,24,80,39,43,18,20) 进行从小到大排序的每一趟结果。

上机实验题

1．C 语言成绩排名。

【题目描述】

某班 C 语言考试后，学习委员需要对全班 N 个学生的成绩进行排名，要求将考试分数相等的学生排名相同，而成绩不同的学生则排名不一样。要求输出每个学生的最终排名。

【输入】

输入包括两行。

第一行包括一个整数 N，表示学生的人数(1<N<104)。

第二行包括 N 个学生的成绩（ 成绩为正整数并且为 0～100）。

【输出】

输出每个学生的排名。

【样例输入】

8

80 70 70 60 60 100 90 70

【样例输出】

3 4 4 7 7 1 2 4

2．学号排序。

【题目描述】

为了增加趣味性，Du 老师标新立异为本系每个学生都分配了一个二进制学号，学号共 9 位，范围为 000000001～111111111，现给定 N 个人的学号，请将这些学号排序，具体规则是：二进制串中 1 越多，排序越靠前，如果 1 的个数相同则数值较大的学号排在前。最后，按这种排序规则输出相应的十进制数。

【输入】

输入包含多行。

第一行包含一个整数 N（N≤500），表示学生人数。

接下来 N 行，每行包含一个 9 位的二进制串。

【输出】

输出包括 N 行，按排序规则输出这些二进制代表的十进制数。

【样例输入】

5

000000001

011000001

010000001

101000000

001000000

【样例输出】

193

320

129

64

1

3．排序游戏。

【题目描述】

排序是计算机的常见操作，我们必须要掌握几种经典的排序算法，这样才能保证在以后的面试中得心应手，那么，现在就练练手吧，现在给定了 n 个正整数，直接排序的话实在太乏味，算法高手 XZX 说要不将每个正整数的每一位相加，然后根据每一位的和对所有的数按从小到大进行排序。注意，如果有多个数的位加和结果相同，那么按数本身的大小排序。例如，有 5 个数：21 12 10 47 50，5 个数的位加和结果分别为：3 3 1 11 5，因此排序结果为：10 12 21 50 47

【输入】

输入包括两行。

第 1 行包含一个正整数 n，n≤1000。

第 2 行包含 n 个正整数，正整数保证 int 范围。

【输出】

输出只有一行，包含 n 个正整数，表示排序结果。

【样例输入】

5

21 12 10 47 50

【样例输出】

10 12 21 50 47

参 考 文 献

啊哈磊, 2014. 啊哈!算法[M]. 北京: 人民邮电出版社.

程杰, 2011. 大话数据结构[M]. 北京: 清华大学出版社.

邓俊辉, 2013. 数据结构: C++语言版[M]. 3 版. 北京: 清华大学出版社.

耿国华, 2011. 数据结构: 用 C 语言描述[M]. 北京: 高等教育出版社.

李春葆, 2017. 数据结构教程[M]. 5 版. 北京: 清华大学出版社.

JULY, 2015. 编程之法:面试和算法心得[M]. 北京: 人民邮电出版社.

王昆仑,李红, 2007. 数据结构与算法[M]. 北京: 中国铁道出版社.

王晓东, 2018. 计算机算法设计与分析[M]. 北京: 电子工业出版社.

WEISS M A, 2013. 数据结构与算法分析: C 语言描述[M].冯舜玺，译. 2 版. 北京: 机械工业出版社.

严薇敏,吴伟民, 2007. 数据结构(C 语言版)[M]. 北京: 清华大学出版社.

杨峰, 2015. 妙趣横生的算法(C 语言实现)[M]. 2 版. 北京: 清华大学出版社.

殷人昆, 2011. 数据结构(C 语言描述)[M]. 北京: 机械工业出版社.